작은 집
5평 덤으로 얻는 비법과 자재 정보 대공개
워너비 인테리어

작은 집 워너비 인테리어

5평 덤으로 얻는 비법과 자재 정보 대공개

초판 4쇄 발행 2015년 2월 18일

지은이 김수현 **발행인** 이 심 **편집인** 임병기 **기획 · 진행** 이세정, 김연정, 전선하

사진 변종석 **디자인** 안유진, 정은선 **총판 · 관리** 장성진, 이미경 **마케팅** 서병찬

출력 삼보프로세스 **용지** 영은페이퍼(주) **인쇄** 애드그린 인쇄(주)

발행처 (주)주택문화사 **출판등록번호** 제13-177호 **주소** 서울시 강서구 강서로 466 우리벤처타운 6층

전화 02-2664-7114(代) **팩스** 02-2662-0847 **홈페이지** www.uujj.co.kr

정가 15,000원 ISBN 978-89-6603-008-8

SMALL HOUSE WANNABE INTERIOR

작은 집
5평 덤으로 얻는 비법과 자재 정보 대공개
워너비 인테리어

+ 김수현 지음

주식
회사 주택문화사

PROLOGUE
일상의 변화를 가져오는
Enjoy interior life

이 책을 엮으면서 참 많이 설레었다. 비슷한 또래의 20~30대 여성들이 집 꾸미기에 쏟는 애정과 노력이, 옷 차려 입는 것만큼이나 크다는 사실을 피부로 실감한 새로운 경험이었다. 블로그나 카페를 통해 활동하며 많은 정보를 공유하는 그들은 주택 관련 잡지에서 적잖게 몸담았던 나보다 더 전문가였다.

돌이켜보니 내가 설레었던 이유는 그들의 라이프스타일에 전염되었던 듯싶다. 자신의 집을 아름답게 가꾸면서 그 즐거움을 기꺼이 누리는 모습이 내 마음에 빗방울처럼 스며들었다.

우연히 넘겨보던 잡지의 사진 한 컷을 가슴에 품고 있다가 이사를 계기로 그 사진을 컨셉으로 집을 고쳤던 이, 예물이나 예단을 과감히 생략하면서 보금자리를 위한 인테리어에 집중했던 어느 신혼부부….

내가 만난 이들은 자신이 행복해지는 방법을 너무도 잘 알고 있었다.

자신이 운영하는 블로그에 아파트 호수의 이름이 붙은 폴더를 따로 마련해 두고, 일상에서 작은 변화를 주며 데커레이션을 즐기는 모습은 어렵지 않은 인테리어의 길을 보여주기도 했다.

책을 만들며 만났던 스타일리스트들은 하나같이 입을 모아 많이 보고 느끼며 자신의 스타일을 찾으라고 말한다. 심지어 여기저기 많이 보고 다니는 게 직업인 나를 가리켜 최고의 도구를 가지고 있다고 치켜세운 이도 있었다.

혹자는 이런 인테리어 책에 대한 회의를 품기도 한다. 하지만 우리가 남의 집을 방문해 꼼꼼히 들여다 볼 기회가 얼마나 많을까? 감각을 키워줄 만한 좋은 사례를 봐야 제대로 된 공부가 될 것 아닌가?

전원주택을 취재하러 다니며 꽤나 화려한 집들을 많이 방문했지만, 오히려 '작은집'의 컴팩트한 공간에서 까닭모를 기대감이 든다.

공간 활용 능력이며 갖가지 숨어 있는 아이디어에 무릎을 칠 때가 한 두 번이 아니다. 마술을 부리 듯 때론 세련되게, 때론 아늑하게 스타일링을 한 스타일리스들의 솜씨를 감상하다 보면 불끈 '나도 한번 도전해 봐야지' 라는 생각이 들지 않고는 못 배긴다.

로망이면 어떤가?
날 흥분시키고 저런 집에 꼭 한번 살아보고 싶다는 희망을 갖게 한다.
선반과 같은 사소한 아이템에 변화를 주면서부터 인테리어를 향한 워너비는 시작된다. 책을 펼쳤을 때 초보적인 눈으로 접근했어도 점점 안목이 키워지는 것을 느낄 것이다.
집의 변화가 시작될 때 일상은 달라지며, 모든 독자들이 자신과 가족 모두가 행복해지길 소원해 본다.

CONTENTS

10PY

10PY

18PY

싱글녀의 취향으로 채운
센스 넘치는 집

서초구 방배동 삼성래미안 아파트 **59.4**㎡ 리모델링

독특한 소품에 관심이 많고 아름다운 가구가 아니면 절대 집에 들일 수 없다는 싱글녀는, 어떤 인테리어로 감성을 충족시켰을까?

몰딩은 벗겨내고
바닥에는 취향에 맞춘
색을 입혀

"몰딩과 바닥 컬러가 제 취향과는 정반대였어요"

리모델링이 이뤄지기 전의 집은 바닥과 몰딩 모두 옅은 나뭇결이 살아 있는 컬러로 희미한 인상을 가진 집이었다. 감각적인 라이프스타일을 즐기는 김소연 씨에게는 다소 지루한 모습이었을 터. 그녀는 자신의 안목을 충족시켜 줄 스타일리스트를 찾아 리모델링을 의뢰했다.

디자이너는 주거공간에 다소 과감할 수 있는 새로운 시도들 모두, 열렬한 지지를 보내주는 클라이언트 덕분에 좋은 결과물로 나올 수 있었다고 소감을 밝힌다. 그녀가 끔찍이도 싫어했던 몰딩을 뜯어내고 바닥의 원목마루에는 짙은 녹색 빛의 컬러로 페인트칠을 하였다. 거실과 주방의 천장은 노출시켜 층고를 높이는 한편, 거친 느낌을 살려 마감했다. 현관의 중문과 폴딩도어를 새롭게 만들고, 방이었던 서재는 다용도의 오픈형 구조로 활용하기 위해 아예 문짝을 떼어냈다. 연구원으로 근무하며 집중력을 요하는 업무에 매달리는 그녀의 직업적 특성상, 집에서는 최대한 포근함을 느낄 수 있게 연출했다. 간접등을 활용해 따뜻한 분위기를 더한 것도 같은 의도로 해석된다.

BEFORE

AFTER

주방 리모델링으로
요리에
취미가 생겨

침실은 철저히 수면을 위한 공간이라는 확고한 컨셉을 가지고 있던 김소연 씨는 천장에 조명을 달지 않고, 벽에 못 하나 박지 않은 채 침실을 꾸몄다. 입구에도 작은 조명 하나, 가끔 책을 볼 수 있는 스탠드 램프만으로 조명의 역할을 대신했다. 워낙 예쁜 가구와 소품에 관심이 많았던 덕분에 이번 리모델링을 하면서 새로 구입한 가구는 서재의 테이블과 책장 정도가 고작이었다. 침실 역시 기존의 가구를 모두 활용하였다.

서재 겸 다이닝룸은 그녀가 가장 심혈을 기울인 부분이다. 서재와 다이닝의 기능을 함께 해야 하는 만큼 조화를 이루는 것이 중요했다. 기존에 가지고 있던 블랙 이케아 책장과 짝이 되도록 새로운 책장 하나를 공간에 맞게 짜서 곁에 두었고, 타일을 바닥재로 선택했다. 타일 컬러 역시 가구와 어울리도록 블랙 & 화이트로 매치했다. 테이블 위로 길게 떨어지는 펜던트 조명은 자칫 단조로울 수 있는 공간에 율동감을 준다. 벽에는 답답해 보이지 않도록 거울을 걸어 마무리했다.

거실은 서재에 비해 놀이와 휴식을 위한 공간이 되길 원했다. 현관의 중문과 베란다의 폴딩도어 때문에 좁아 보일 것을 우려해, 벽 장식은 커다란 거울 하나로만 포인트를 삼았다.

리모델링을 시작하고서 가장 힘을 뺀 부분이 주방이었다. 처음에는 요리에 별 관심이 없었기에 주방은 기능보다는 미적인 부분에 더 힘을 실었다. 흔히 주방에 많이 쓰는 타일이 아닌 벽돌을 과감히 선택했는데, 그녀는 오히려 예뻐진 주방 덕분에 요리에 흥미가 생겨 식사시간을 즐기게 되었다고 웃는다.

+ 디자인 및 시공 빨간 지붕 RED ROOF 070-8202-6255

INTERIOR TIP

01

+ 거실에서 바라 본 서재 모습. 아슬아슬하게 걸쳐진 시계와 냉장고 벽면을 사진으로 꾸민 센스가 엿보인다.

02

+ 욕실 문에는 칠판 페인트를 이용해 간단한 메모를 할 수 있게 했다.

03

+ 두꺼운 책을 활용해 스탠드 조명의 키를 높인 반짝 아이디어.

04

+ 거실 테이블에도 수납을 놓치지 않았다.

05

+ 하나둘씩 모은 소품이 비로소 제자리를 찾은 모습이다.

06

+ 고풍스런 화장대와 센스있는 조명으로 꾸민 침실 한편의 모습.

01

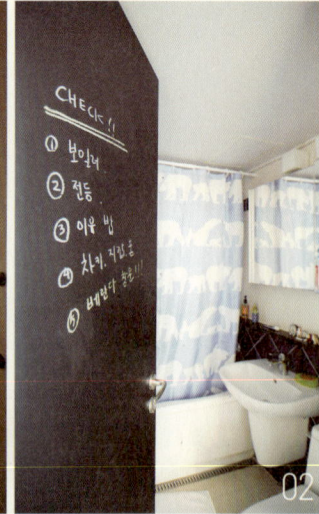
02

03

04

05

06

INTERIOR SOURCES

LIVING ROOM
+ **바닥** 원목마루 위 던에드워드 페인트 도장
+ **벽** 던에드워드 페인트
+ **중문** 디자인 제작
+ **소파 위 인형** 킨키로봇
+ **소파, 의자** 도무스
+ **TV장** 아르데코
+ **거울** 까사미아
+ **베란다 커텐** 고속터미널 숍에서 구입
+ **새시** LG 창호
+ **조명** 까사미아 샹들리에(거실 중앙), 그 외 메가
  룩스
+ **천장** 노출 후 페인트

KITCHEN
+ **수전, 후드 및 주방가구** 한샘
+ **벽돌** 호연타일 고벽돌
+ **조명** 메가룩스

LIBRARY
+ **테이블** 까사미아
+ **의자** 까사미아(은색 흰색), 스타일 K(빨간색)
+ **책장** 이케아(왼쪽)
+ **책장** 디자인 제작(오른쪽)
+ **바닥 타일** 호연타일(국산)
+ **벽** 던에드워드 페인트
+ **커텐** 디자인 제작(동대문 종합시장)
+ **천장** 노출 후 페인트

BEDROOM
+ **침대, 화장대** 더갤러리
+ **침구** 피터리드

18PY

과하지 않은 디테일로
컬러의 대비를 끌어낸 집

분당구 정자동 주공 아파트 62㎡ 리모델링

색상의 강렬한 대비로 눈길을 끄는 분당 아파트 리모델링 사례는 모던하면서 아기자기한, 소형 면적 스타일링의 진수다.

컬러로
말하는
인테리어

White & Red 컬러가 컨셉이 된 인테리어 디자인은 집주인과 인테리어 스타일리스트의 아이디어가 모아진 사례다. 처음부터 기본 컬러를 주문한 서혜정 씨와, 이를 과하지 않게 살리기 위해 디테일로 색상의 포인트를 활용한 이지은 스타일리스트. 레드 컬러를 포인트로 선택하고 싶어하는 이들에게 좋은 예가 되어준다. 특히 적절한 컬러의 대비는 조명과 패브릭, 소품에서도 힘을 발휘해 공간에 활력을 준다.

다용도실과 주방으로 쓰이던 공간은 옷과 신발, 세탁기가 인입된 수납장이 들어섰다. 드럼 세탁기와 세제통, 옷과 신발 등 칸마다 각기 다른 수납 역할을 충실히 한다. 이는 활용도를 극대화하기 위해 바닥에서 천장까지 한 벽면을 모두 차지하는데, 좁은 면적에 수납공간이 충분하지 않으면 자칫 창고처럼 물건들을 쌓아둬야 하는 불상사가 생길 수 있어 특별히 신경 쓴 부분이다. TV 수납장 역시 벽면 전체에 붙박이장으로 시공해 가구 자체가 아트월 기능까지 겸하며 인테리어 효과를 톡톡히 낸다.

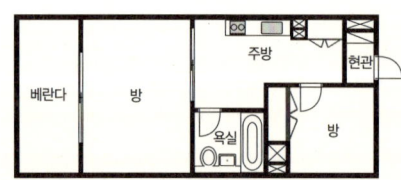

BEFORE

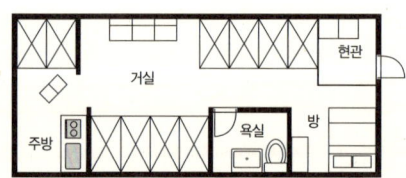

AFTER

맞춤 제작한 가구와
통일된 색으로
넓어 보이는 효과

수납장을 비롯한 모든 가구를 화이트로 통일해서 맞춤 제작하니, 시공 전보다 넓어 보이는 효과를 얻었다. 여기에 가구마다 간접 조명을 주어 고급스러움을 가미했다. 스타일리스트는 심플한 가구일수록 소재와 조명에 힘을 줘야, 밋밋하지 않게 연출할 수 있다고 팁을 전한다. 간접 조명과 함께 이 집을 더욱 생기 있게 만들어 주는 포인트 조명들이 눈에 띈다. 현관에서 그 자체가 오브제가 되는 레드 컬러 조명과 세로로 긴 복도를 따라 길게 시공한 화이트 펜던트 조명은 이 집의 컨셉을 더욱 분명히 해준다.

방문은 없애고 욕실문은 슬라이딩 도어에 거울을 시공했다. 여닫이문이 차지하는 공간까지 알뜰하게 사용하면서, 전신 거울이 좁은 복도를 확장시켜 주는 효과를 가져온다. 좁은 공간일지라도 알차게 사용할 수 있도록, 인테리어에 디테일을 살린 좋은 본보기다.

+ 디자인 및 시공 인테리어 스타일리스트 이지은 http://blog.naver.com/rx7girl

INTERIOR TIP

01
+ 외식이 잦은 건축주의 라이프스타일에 맞춰
주방은 간소하게 마련했다.

02
+ 소파 옆의 수납장 내부 모습. 드럼세탁기의 배
선까지 깔끔하게 처리하였다.

03
+ 현관 입구를 꾸며주는 이국적인 타일.

04, 05
+ 포인트가 되는 펜던트와 미니 샹들리에.

06
+ 화장대 옆으로 액세서리 수납장을 제작해 달
아주었다.

INTERIOR SOURCES

LIVING ROOM
+ **소파 위 쿠션** 디자인 제작
+ **벽지** 신한벽지, did 벽지
+ **바닥** LG 지인
+ **조명** 와츠
+ **블라인드** 헌터더글라스
+ **욕실 문 거울, 책상** 디자인 제작
+ **의자** 디테일
+ **TV장(레드 패널)** 백 페인트 글라스

BEDROOM
+ **조명** 와츠
+ **화장대와 의자** 디자인 제작

KITCHEN
+ **수전** 아메리칸스탠다드
+ **후드** 하츠
+ **조명** 와츠

BATHROOM
+ **타일** 상아타일(수입산)
+ **수전, 샤워기, 세면기, 변기** 상아타일
+ **거울** 디자인 제작
+ **조명** 와츠

ENTRANCE
+ **조명** 와츠
+ **신발장** 디자인 제작
+ **타일** 상아타일(수입산)

18PY

원목창으로 전원주택 분위기를 낸
화이트 프로방스 스타일

인천시 가정동 빌라 **59.4**㎡ 인테리어

한눈에 보아도 그 나이를 짐작할 수 있는 인천의 오래된 빌라. 집에 들어서자 프로방스풍 화이트하우스의 반전이 있었다.

로망이었던
원목창을
시공해

손동미 씨는 이사를 계기로 평소 꿈꾸던 프로방스 스타일을 실행에 옮겼다. 인테리어 리모델링 사례를 인터넷을 통해 꾸준히 검색하며 자신의 집을 변신시켜 줄 스타일리스트를 물색했다. 그러던 중 '가을내음'이란 닉네임으로 유명한 인테리어 스타일리스트를 찾았다. 여러 차례 미팅을 통해 한정된 예산 안에서 공사 범위를 조율하며, 마침내 설렘 가득한 프로방스풍 화이트하우스를 얻게 되었다.

노후된 빌라이다 보니 공사를 시작하고 나서 손볼 곳이 속속 생겼다. 수평이 맞지 않는 바닥에 방수공사까지 함께 하며 전면적인 리모델링 공사가 이루어졌다.

마감재로는 자연스런 질감이 돋보이는 바닥 타일을 주방과 거실에 깔고, 화이트풍 벽지를 시공했다. 이로써 59.4㎡(18평)이라고는 믿기 어려울 정도로, 넓어 보이는 효과를 얻었다.

무엇보다 기존의 보기 싫은 창틀을 가려주는 원목창은 주택의 분위기를 물씬 풍기게 한다. 창의 하단에는 적절히 시야를 차단하는 갤러리 창을, 상단과 베란다 창 부분에는 격자무늬 창으로 멋을 냈다. 주방과 방에는 아치형 창을 짜 맞춰 동심을 자극한다. 목창을 통해 넘나드는 햇볕은 집안을 어루만지는 듯 따뜻한 분위기를 선사한다.

리모델링을 마치고 소파 패브릭을 직접 고르며 데코에도 더 신경 쓰게 되었다는 안주인은 이곳에서 매일같이 새로운 일상을 맞는다.

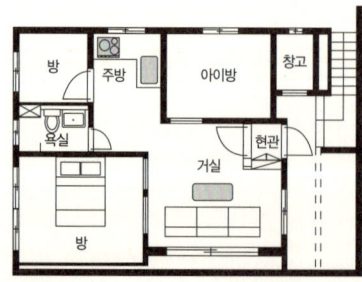

AFTER

포인트 타일로
로맨틱한
주방 완성

실내에 베란다가 없어 아쉬웠던 안주인은 테라스를 확장해 데크를 깔고 작은 정원처럼 꾸며주었다. 식물 키우는 걸 즐겨, 작지만 아기자기한 도심 속 정원에 애정을 듬뿍 주고 있다고. 현관문과 집 안의 모든 문은 페인트 칠과 리폼으로 변화를 준 부분이다. 적은 비용이 들었지만 집의 첫 인상을 결정해주는 만큼 효과가 커 만족도가 높다.

욕실은 창고로 쓰이는 다락방 때문에 삼각 계단이 튀어나와 있다. 아이를 위해 논슬립 타일을 바닥에 시공하였고, 앤티크 수전과 거울을 달아주었다. 푸른빛이 도는 타일과 나무로 짠 수납장은 오래 머물고 싶은 욕실 인테리어로 완성되었다.

주방에서 가장 큰 자리를 차지하는 냉장고는 수납장을 짜서 자리를 잡았다. 덕분에 옆면의 빈 벽을 아이의 액자로 데코 할 수 있는 공간이 생겼다. 작은 집에서 최대한 수납을 확보하기 위한 치밀한 구성이 돋보인다.

주방이 답답해 보이지 않게 상부장을 없앤 자리에는 싱크대와 그릇장을 만들어 주었다. 후드에도 벽과 통일된 타일로 마감했다.

바퀴가 달려있는 작은 아일랜드 테이블은 요리책을 펼쳐두거나 식사 공간이 되기도 한다. 때론 안주인의 간이 책상으로 사용되니 활용도가 높은 아이템이다. 타일은 핑크색을 베이스로 두고, 꽃무늬 타일로 포인트를 주었다.

+ 디자인 및 시공 가을내음 010-3320-0681 http://blog.naver.com/wood0910

INTERIOR TIP

01
+ 앤티크한 수전과 거울이 빈티지한 타일과 잘 어울린다.

02
+ 욕실로 들어가는 입구문에 스테인드글라스로 장식해 줘 특별한 기분을 느끼게 한다.

03
+ 안방으로 들어가는 문에는 앤티크 손잡이를 포인트로 달았다. 보지 않을 때는 살짝 가려주는 TV장의 모습.

04
+ 아이방의 반원형 창문과 붙박이장.

05
+ 평범하지 않은 창호의 무늬가 실내에 개성을 더한다.

01

02

03

04

05

+ **벽지** did, 신한
+ **소파 패브릭** 체인지홈
+ **싱크대** 원목 제작
+ **수전 등 욕실기기** 인터바스 외 수입 제품
+ **바닥재** 동화자연마루
+ **후드** 린나이
+ **문** 기존 문 리폼

20PY

20PY

26PY

사진 한 컷을 모티브로 한
카페 분위기의 홈 스타일링

강남구 신사동 빌라 85.8㎡ 홈 드레싱

답답한 빌라로 이사 왔지만, 전면적인 리모델링 대신 홈 드레싱을 택했다. 화려함보다는 카페 같은 따뜻하고 소박한 공간을 추구한 디자인이다.

간직해 오던
잡지 사진을 바탕으로
침실 꾸미기

답답한 구조였던 85.8㎡(26평) 빌라는, 최소한의 내부 마감재들을 골라 심플한 스타일링을 시작했다. 모던함을 지향하되 차갑지 않은 디자인을 위한 '내츄럴 모던'을 포인트로 삼은 것이다.

가령 집 안의 모든 문과 문 몰딩들을 단순한 디자인으로 리폼하거나 교체하고, 도장 느낌의 솔리드(패턴이 없는 단색으로 컬러로만 분위기를 낸다) 벽지를 선택했다. 차가워 보일 수 있는 요소를 보안하기 위해 가구는 천연무늬목으로 제작하되, 군더더기 없는 디자인으로 표현했다.

아늑한 침실 분위기를 위해서는 일반적인 메인 조명을 없앴다. 대신 가구로 포인트를 주면서 간접등으로 대체했다. 침실에는 아이디어를 보태 책을 눕혀 쌓아둘 수 있는 세로 선반을 두고, TV장을 활용해 책과 CD 등을 수납할 수 있게 했다. 가구 자체로 수납까지 해결할 수 있는 디자인은 작은 집을 꾸밀 때 유용한 팁이 된다.

집주인 홍세나 씨는 스타일리스트에게 홈드레싱을 맡길 때, 잡지에서 스크랩한 침실 사진을 내밀었다. 평소 인테리어에 관심이 많았기에 기회가 되면 꼭 한번 꾸며보고 싶었던 이미지를 간직하고 있었던 것이다. 시중에서 찾기 힘들었던 침대는 제작을 의뢰해 맞춘 것으로 그녀가 특히 만족해 하는 부분이다. 스타일링을 맡은 바오미다 측은 디자인 가구에 대한 맞춤제작을 하고 있어 업체 선택 시 그녀가 큰 점수를 줬던 부분이라고.

AFTER

수납 기능이
합쳐진 가구는
아이방에 필수

홍세나 씨는 좁은 거실에 TV와 소파까지 두기에는 무리라는 판단에 과감히 소파를 없애고 거실을 응접실 겸 식사공간, 아이와의 놀이공간으로 사용할 수 있도록 널찍한 테이블과 벤치를 두었다.

"이사오기 전의 집은 지금보다 면적이 넓었기에 입주 후, 6인용 식탁은 큰 고민거리였어요. 주방에는 들어갈 공간도 없으니, 차라리 테이블을 활용할 수 있는 거실로 바꾸자고 마음 먹었죠."

소파 대용의 벤치를 붙박이 형태로 만들고, 원목을 이용한 벽 포인트로 벤치와 테이블을 어색하지 않게 연결했다. 패브릭이 가미된 펜던트 조명은 따스한 분위기를 전해줘, 카페에 와 있는 듯 여유 있고 멋스러운 분위기가 연출되었다.

제작한 벤치에는 깊은 수납공간이 확보되어 책을 꽂아 두거나 잡다한 물건을 보관할 수 있는 형태다. 골칫거리였던 테이블은 다이닝 공간이 되기도 하고 아이와의 놀이 공간, 응접실로 활용되는 멀티 기능을 하게 된 셈이다.

아이방에 필수적으로 들어가야 하는 장난감 수납장, 옷장, 책장, 책상, 침대는 수납 기능이 더해진 맞춤 제작 가구로 깔끔하게 정돈된 모습이다.

책장과 책상을 하나로 합쳐 용도에 따라 책상을 꺼내거나 넣을 수 있게 디자인 되었으며, 침대 프레임에는 서랍장이 숨겨져 있어 간단한 옷들을 수납할 수 있다. 작은 창고는 옷장으로 대신 사용할 수 있게 바꾸고 문을 리폼했다. 벽에는 아이가 직접 그린 그림들과 아트 포스터로 포인트를 준 점이 눈길을 끈다.

+ 디자인 및 시공 바오미다 02-511-4702 http://baomida.com

+ 아이방의 리폼한 창고 문이 보인다.

+ 수납이 돋보이는 부부침실 TV장

INTERIOR TIP

01

01

+ 소장하고 있던 인테리어 사진을 컨셉으로 완성한 침실.

02

+ 이사 후, 자리를 차지하는 그릇장이 드레스룸으로 옮겨왔다. 방 한편에 책상을 두고 간이 서재를 만들어 주었다.

03

+ 세면대를 얹어 놓은 듯한 청소가 편리한 욕실 가구.

04

+ 바퀴 달린 아일랜드 식탁은 주방에서 다용도로 쓰인다.

05

+ 냉장고 수납장은 기존 주방가구와 통일감 있게 제작했다.

02

03

04

05

LIVING ROOM
+ **페인트** 던에드워드(천장)
+ **벽지** 서울벽지
+ **바닥** LG 지인 PVC 모노륨 실크앤터치
+ **쿠션** 키티버니포니
+ **조명** 메가룩스
+ **테이블** 오페라하우스
+ **의자** 인디테일
+ **블라인드** 덱스터
+ **붙박이 소파** 디자인 제작
+ **선반** 디자인 제작
+ **침대** 디자인 제작
+ **스툴** 디자인 제작
+ **화장대** 디자인 제작
+ **거울** 디자인 제작
+ **책장** 디자인 제작

BEDROOM
+ **조명** 메가룩스
+ **침구** 키티버니포니
+ **블라인드** 덱스터
+ **벽지** 서울벽지 플레인

KID'S ROOM
+ **벽지** 우리벽지 솔루션
+ **블라인드** 덱스터
+ **액자** 바오미다 보유 소품

DRESS ROOM
+ **옷장** 오페라하우스
+ **오픈행거** 한샘
+ **의자** 인디테일
+ **책상** 디자인 제작

BATHROOM
+ **세면대** 아메리칸스탠다드
+ **변기** 아메리칸스탠다드
+ **타일** 대호타일
+ **세면대 하부** 디자인 제작

KITCHEN
+ **타일** 대호타일
+ **아일랜드** 디자인 제작

컬러풀한 소품의 강약이
조화로운 데커레이션

05

구리시 수택동 대림한숲 아파트 72.6㎡ 홈 드레싱

생활용품 하나도 '데코 아이템'으로 인식하는 안주인 기능보다 디자인에 신경 쓰며, 까다롭지만 즐거운 데코 라이프를 실현하고 있다.

색상의
치밀한 조화를
먼저 계산해

박남이 씨는 본업인 캐릭터 디자이너로 일하며 북유럽 그릇을 취급하는 인터넷 쇼핑몰 '커먼키친'을 운영하고 있다. 북유럽 그릇을 취급하며 자료를 모으다 보니 자연스럽게 인테리어에 관심이 생기게 되었다고 한다. 그녀는 그동안 취향에 맞는 컬러풀한 아이템들을 하나씩 모아 왔는데, 신혼집을 갖게 되면서 그간 꽁꽁 싸매둔 보물들의 자리를 잡아주며 데코를 즐긴다.

"소품을 살 때도 일정한 룰이 있어요. 제가 좋아하는 옐로우, 그린, 오렌지 위주로 아이템을 구입하고 비슷한 계열끼리 모아서 꾸며 주곤 하죠."

컬러가 강하다 싶으면 화이트 소품을 적절히 배치해 색의 조화를 신경 쓴다. 셀프로 페인팅에 도전해 남편과 함께 몰딩을 칠할 정도로 적극적인데, 집 안 꾸미기를 생활 속에서 즐기는 모습이다. 남편 역시 그녀의 열성이 전염되어 가구나 소품 배치에 남다른 두각을 보인다며 자랑한다.

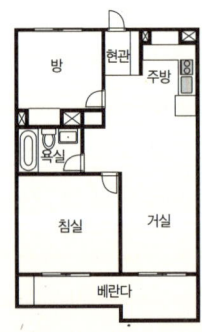

AFTER

소품, 주방용품의
모든 것이
인테리어의 출발

아늑한 20평대 아파트는 따뜻하면서도 비비드한 컬러의 아이템들로 가득하다. 청소기나 가전제품 하나도 집 안을 데코하는 데 손색이 없다. 티타올을 액자로 만들어 방을 꾸미거나 빈티지 숍에서 구입한 조명을 침대 위에 부착하는 등 개성 있는 아이디어가 넘친다.

그녀는 주로 북유럽 인테리어 사진을 참고해 직접 집 안 꾸미기에 적용하곤 한다. 목공을 업으로 삼고 있는 남편은 작은 집의 사이즈에 꼭 맞는 수납장을 제작해, 다양한 아이템들의 수납을 확실히 뒷받침 해준다.

기분에 따라 옷을 바꿔 입듯, 쿠션 커버를 바꿔 주거나 식탁 위의 그릇에 변화를 준다는 그녀. 머그컵, 패브릭, 인형 등은 특별히 사랑스러워하는 아이템들이다.

브랜드 제품에서부터 다이소 용품까지 취향에만 맞는다면 과감히 선택해 자신만의 스타일로 소화한다. 다소 과할 수 있는 컬러와 제각각인 소품들일지라도 데커레이션을 즐기는 라이프스타일에 본인도 모르게 감각을 키워준 듯하다.

INTERIOR TIP

01

+ 침실의 TV장 역시 단순한 수납이 아닌 데커레이션까지 담당한다. 군데군데 액자로 포인트를 주었다.

02

+ 거실 그릇장 위 역시 작은 소품들로 변화를 주었다.

03

+ 남편이 직접 제작한 TV장 위에 갖고 싶은 소품들이 한가득이다.

04

+ 청소기 하나도 심혈을 기울여 선택하는 센스, 감각적인 스타일링의 시작은 모든 일상 용품에서 출발한다.

05

+ 마니아들 사이에서는 유명한 펭귄 머그컵 시리즈.

KITCHEN

+ **식탁** 이케아(트랜스포머 식탁)
+ **의자** 이케아
+ **그릇** 커먼키친(www.commonkitchen.co.kr)
+ **티타올** 커먼키친
+ **조명** 대광조명(을지로)
+ **선반** 스프링 포켓
+ **레드 3단 수납장** 이케아 kartel

LIVING ROOM

+ **벽지** 합지
+ **의자** moo(을지로)
+ **쇼파** moo
+ **1인용 체어 위 패브릭** 유럽 여행 때 구매
+ **쿠션** 마리메코, finlayson
+ **흰색 수납장** 이케아
+ **바닥** 장판
+ **플로어 장 스탠드** lampda
+ **커텐** 마리메코 패브릭을 커튼으로 제작
+ **사다리** 마켓엠
+ **시계** 아마존
+ **그릇장** 씨씨브랜드
+ **그릇장 위 삼색 펭귄 머그컵** 펭귄 북스 머그
  시리즈

ROOM

+ **책상** 이케아
+ **수납가구** 이케아
+ **화장대** 마켓엠
+ **조명** 까사 라이트 런던 스탠드
+ **액자 장식** 7321 봉봉팩토리
+ **러그** 얼반아웃피터스

BEDROOM

+ **침대** 이케아
+ **TV 수납장** 이케아
+ **펭퀸 쿠션** 페니캔디(현재 단종)
+ **빨간머리 앤 인형** 스웨덴 산
+ **베드 테이블** 텐바이텐
+ **침대 위 조명** 스웨덴 빈티지 샵
+ **협탁 위 조명** 에이모노
+ **협탁** 매스티지데코(현재 단종)
+ **행거** 까사

24PY
처음 마련한 내 집
설레임을 담은 내츄럴 홈

수원시 오목천동 푸르지오 아파트 79.2㎡ 리모델링

부부는 내 집 마련의 꿈을 이루곤, 가족의 소소한 즐거움이 쌓여갈 집을 리모델링했다.

아파트 거주의
한계를 극복한
리모델링

유현주 씨가 처음 이 집을 보러 왔을 때는 온통 체리색과 두꺼운 몰딩까지 답이 안
나오는 상태였다. 더군다나 1층이어서 사생활 보호와 소음 문제 등의 단점에 쉽사
리 마음을 정하지 못했다고 한다. 처음 마련하는 집인 만큼 고민이 많았지만, 어느
인테리어 카페의 리모델링 사례들을 보며 마음을 굳혔다.

"인터넷 카페에서 사진들을 참고하며 생각을 달리했어요. 인테리어를 어떻게 하느
냐에 따라 사생활 보호도 되고 덜 시끄럽게 살 수 있겠다 싶더라고요."

전실을 확장하고 중문을 새롭게 시공해 그동안의 우려를 말끔히 씻어냈다. 아파트
거주의 한계를 리모델링으로 극복하고는 만족하는 모습이다.

내츄럴을 컨셉으로 바닥재와 비슷한 느낌의 디자인월로 아트월 효과를 낸 거실의
포인트를 삼았다. 베란다를 확장해 생긴 여유 공간에는 널찍한 테이블을 두어 손님
초대 시 활용하거나 평소에는 부부의 와인바 용도로 쓰인다. 분위기 있는 펜던트
등과 촛대만으로 거실 한 편은 부부가 가장 아끼는 공간으로 변신했다.

BEFORE

AFTER

붙박이장으로 수납과
평면적인 구조에서
벗어나

방에는 붙박이장으로 공간 효율을 높인 점이 눈에 띈다. 서재는 창문 쪽으로 붙박이장을 짜서 수납을 해결했는데, 길고 좁은 방이라 시각적으로도 훨씬 안정적이고 넓어 보이는 모습으로 바뀌었다.

좁은 부부침실에 장롱, 화장대, 협탁을 모두 둘 수 없어 침대 헤드와 벽등을 시공했다. 헤드 위로는 간단한 물건을 올릴 수 있으며, 벽등으로 인해 스탠드 조명을 올려둘 협탁은 필요 없게 되었다. 평면적인 방 구조가 붙박이장의 시공에 따라 입체적으로 보이는 효과를 노렸다.

주방은 기존의 새시를 떼어내고 가벽을 만들어 문을 새롭게 달아 주었다. 주방 뒤편의 다용도실을 적절히 가리자 주방은 보다 아늑하게 변신했다. 방과 마찬가지로 붙박이 상부장으로 수납을 깔끔하게 해결하며, 유리 파티션으로 요리 후에 어지럽혀진 주방을 보이지 않게 처리했다.

문 하나에도 정성을 쏟은 흔적을 엿볼 수 있는데, 현관에 들어오면 바로 보이는 입구쪽 방문에는 채광이 부족한 점을 고려해 타공했다. 오렌지빛 플리티드 커튼을 블랙 도어와 매치해 세련되게 연출하기도 한다. 다용도실에서 주방으로 연결된 포켓 도어의 단조 장식 역시 눈을 즐겁게 해준다.

+ 디자인 및 시공 달앤스타일 016-345-1004 http://cafe.naver.com/dallstyle

INTERIOR TIP

01

+ 소음을 차단하기 위해 중문을 시공했다.

02

+ 창가 쪽에 테이블을 두어 분위기 있는 휴식 공간을 만들었다. 베란다 쪽으로 나가는 문 역시 새롭게 시공한 부분.

03

+ 화장실은 사각 거울과 세면대로 모던하면서도 화려하게 연출했다. 연한 베이지 컬러를 기본으로 아트월 타일이 포인트가 된다.

04, 05

+ 코지 부분이 되는 거실 복도의 끝. 벽 시계와 함께 벽난로처럼 보이는 오브제로 빈 벽을 채워 준다.

06

+ 소파 위의 쿠션을 선택할 때, 그림과의 색상 조화를 염두에 두었다.

01

02

03

04

05

06

FRONT
+ **벽 패널** 디자인월 + **벽지** did 벽지
+ **블라인드** 한올커튼

LIVING ROOM
+ **벽지** did 벽지 + **바닥** 동화자연마루
+ **블라인드** 한올커튼
+ **조명** 다음조명(펜던트 / 메인등)
+ **테이블, 의자** 코지퍼니처
+ **소파** 일룸 셀렉스 소파
+ **TV장** 시세이 거실장
+ **아트월** 동화자연마루 디자인월
+ **쇼파 뒤 액자** 그림닷컴 + **쿠션** OI FABRIC
+ **액자** A MONO(KEEP CALM)
+ **천장 장식, 베란다 문** 리폼

KITCHEN
+ **벽 타일** 한국타일 이태리 산 수입
+ **싱크대, 붙박이 의자와 식탁** 신영싱크
+ **의자** 코지퍼니처
+ **칸막이 유리블럭** 수입유리
+ **팬던트 조명** 다음조명
+ **가스 후드** 하츠 + **수전** 로얄토토

CORNER
+ **몰딩** 리폼 + **벽 시계** 코지퍼니처
+ **조명** 다음조명

LIBRARY
+ **책상과 의자** SOFSYS 소프시스 위더스
+ **수납장** 신영싱크 + **벽지** did 벽지
+ **블라인드** 한올커튼(동대문)
+ **조명** 다음조명(을지로)

BEDROOM
+ **침대** 리바트 아리엘
+ **장롱** 신영싱크
+ **조명** 다음조명

BATHROOM
+ **타일** 중앙타일(바닥 / 무이트 타일)
+ **세면대** VOVO(세면대)
+ **변기** 로얄토토 + **거울** 안나프레즈

07

23PY

부부의 개성이 담긴
소소한 꾸밈이 있는 집

마포구 성산동 월드컵아이파크 아파트 76㎡ 홈 드레싱

여행과 사진을 좋아하는 부부는 채우기보다는 비워두는 쪽으로 데커레이션의 방향을 정했다. 신혼집에서 흔히 볼 수 있는 대형 액자는 없지만, 감성 넘치는 사진과 그림액자가 있는 아늑한 보금자리다.

좋아하는
그림과 소품으로
여백 채우기

백수현 씨는 동물 피규어를 모으는 취미를 가지고 있다. 집 안 구석구석에 자리를
옮겨가며 다양한 피규어를 감상한다. 나무로 만든 동물이나 슐라이히 모형은 집 안
어디서든 쉽게 찾아볼 수 있다. 웹디자이너인 남편이 직접 그린 그림을 액자로 만
들어 소파 위에 걸고, 제작한 포스트는 바닥에 기대어 놓은 센스가 엿보인다. 분홍
빛 바탕에 사랑스러운 느낌이 가득한 그림 하나로 신혼집의 분위기가 물씬 풍긴다.
여행의 추억이 담긴 사진 역시 소소한 집 꾸밈을 위한 좋은 소재다.

부부는 결혼을 준비하면서 예물과 예단보다는 신혼집 인테리어에 집중했다고 한
다. 겉치레 보다는 실리를 추구하자는 판단이 앞섰기 때문이다. 전체적으로 색상이
너무 많지 않게 흰색, 나무색, 녹색이 주가 되도록 테마를 잡았다. 주방에는 밥솥부
터 냉장고까지 무늬 없는 심플한 화이트 제품을 구입하려고 애쓸 정도였다.

AFTER

검색과 발품으로
찾아낸 목공방에
가구 의뢰해

처음 꾸민 부부의 첫 집에 가구를 선택하기 위해 안주인은 폭풍 검색과 수많은 제품 비교를 불사했다고 한다. 오래 사용할 가구는 유행을 따르기보다 취향을 고려하고 내구성 역시 꼼꼼히 따졌다. 그렇게 선택한 가구가 일본 브랜드 '가리모쿠 60'과 주문제작 가구들이다.

목공방을 선택하기 위해서는 홍대 앞 가구거리에 있는 제작 업체를 일일이 방문했다. 그러던 중 우연히 검색하다가 알게 된 대구의 한 목공방 블로그를 보고 느낌이 '꽉' 왔다고.

백수현 씨가 구상한 침대, 식탁, 책상, 책장, 협탁 디자인과 치수 등을 한 페이지씩 만들어서 이메일로 보내고, 한 달 반 만에 고대하던 가구를 받게 되었다. 매장에 방문 한번 안하고 일임했지만 그녀의 감은 빗나가지 않았다.

좁은 침실에는 사이즈에 맞게 제작한 침대와 협탁이 제자리를 찾아 배치되어 있는 모습이다. 전셋집이라 인테리어에 큰 욕심을 낼 수 없었지만 마음에 쏙 드는 가구와 소품으로 채운 따뜻한 보금자리가 되었다.

INTERIOR TIP

01, 05

+ 서랍장 위를 꾸며주는 빈티지 숍에서 구입한 테이블 조명과 액자들.

02

+ 여백이 느껴지는 빈 벽에 적절히 엽서와 액자를 걸어 두었다.

03

+ 서재는 방 사이즈에 맞춤 제작한 책장과 책상으로 꾸몄다.

04

+ 클래식하면서 빈티지한 멋에 반해 구입한 세이코 벽시계.

INTERIOR SOURCES

LIVING ROOM

+ **TV수납장** 가리모쿠60(리모드 구입)
+ **소파, 의자** 가리모쿠60
+ **테이블, 매거진 랙** 가리모쿠60
+ **조명, 러그** 무인양품
+ **크리스마스 트리, 회전목마 오르골** 무인양품
+ **커튼** 동대문 종합상가 C동 단앤패브릭
+ **휴지통** 일본 d&department에서 직접 구입
+ **벽시계** Seiko

BEDROOM

+ **침대** 아날로그목공방
+ **협탁** 아날로그목공방
+ **북엔드** 아날로그목공방
+ **침구, 협탁 위 조명** 무인양품
+ **시계, 아로마디퓨져** 무인양품
+ **스탠드 조명** 무인양품
+ **커튼** 동대문 종합상가 B동 3층 일진상사에
  서 원단 구입해 제작함(안방 + 작은방 합쳐서 총
  10만원)
+ **러그** 코스트코
+ **아이폰 독** 야마하

ROOM

+ **책상** 가리모쿠60
+ **의자** 가리모쿠60
+ **커튼** 린넨
+ **서랍장** 까사미아
+ **전신거울** 무인양품

LIBRARY

+ **책상, 책장** 아날로그목공방
+ **서랍장** 무인양품
+ **휴지통** 무인양품
+ **의자** 가리모쿠60

KITCHEN

+ **식탁** 아날로그목공방
+ **의자** 가구인
+ **조명** 메가룩스
+ **벽시계, 그릇장** 무인양품
+ **무늬없는 냉장고** 삼성 지펠 SRS75HCBGG
+ **냉장고 위 자석** 5층 아파트

08

24PY
작은 집의 변신
자연을 더한 스칸디나비아 스타일

성북구 돈암동 한진 아파트 79.2㎡ 리모델링

기존 전셋집에서 미처 다 펼쳐 보이지 못한 리모델링에 도전해, 깔끔하면서도 도시적인 스타일링을 완성했다.

복도식 구조를
활용한
리모델링

인테리어 트렌드는 의상과 마찬가지로 환경과 시대에 따라 변화와 반복을 거듭한다. 불과 1~2년 전만 해도 극단적인 화이트나 블랙의 스타일이 대부분이었지만, 최근 들어 부드럽고 따스한 자연적인 질감을 선호하는 이들이 많아졌다.

이번 아파트 사례도 가구를 비롯한 요소들이 따뜻한 느낌을 주는 내츄럴 우드 소재였기에, 전체적인 인테리어는 가구를 최대한 돋보일 수 있는 색감으로 분위기를 연출하였다.

66㎡(20평형)대의 복도식 아파트 대부분은 현관에서 들어서면 거실로 향하는 복도가 길다. 이번 리모델링에서는 데드 스페이스를 최대한 줄이기 위해 현관 앞에 수납장을 길게 시공해 넓은 수납공간을 마련하였다. 포켓 도어 대신 침실의 슬라이딩 도어가 눈에 띄는데, 방 가구들로 인해 공간이 비좁아지지 않게 배려한 부분이다.

거실이 세로로 길게 여유 있는 구조여서 베란다 확장 공간에 폴딩도어를 설치하고 티테이블을 세팅했다. 부부가 야경을 즐기며 가벼운 티타임으로 하루의 일과를 두런두런 나누기에 더 없이 좋은 공간이다.

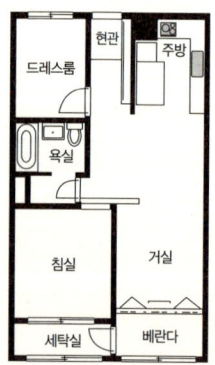

AFTER

가구에 어울리는
벽지와 바닥재
선택하기

기존 가구에 더하여 새로운 가구를 구입할 때에는 전체적인 분위기를 충분히 고려해 비슷한 느낌의 가구를 매치해야 새 가구가 이방인 같은 느낌이 나지 않는다. 소파나 의자 등에 사용되는 패브릭의 느낌이 전체 분위기와 어우러질 수 있는지도 점검해야 한다.

이번 사례에서 거실과 주방 벽지는 밝은 그레이톤으로, 안방은 푸른빛의 포인트 벽지를 시공해 원목 가구와 상충되지 않게 스타일링했다. 바닥 역시 가구와 색상 톤을 맞추었다. 거실의 무지주 선반과 침대 책장, 오픈된 주방 상부장 선반에는 기존 가구와 최대한 어울리는 따스한 색감의 우드계열 시트지로 마감했다.

젊은 부부가 사는 만큼 문과 타일은 밋밋하지 않게 산뜻한 색감으로 선택하였다. 부부가 함께 좋아하는 푸른색으로 현관을, 화사함이 돋보이는 방문은 페인트로 마감해 집의 포인트가 된다.

화장실과 주방 타일은 동일한 색상을 시공했는데, 베이스가 되는 화이트에 산뜻함을 더하는 스카이블루 색상을 가미해 전체적으로 밝고 경쾌한 느낌을 살리도록 하였다. 벽지는 최근 트렌드가 문양보다는 색감이나 질감을 중요시하므로 단색 위주의 벽지를 선택했다.

+ 디자인 및 시공 아델라 인테리어 디자인 02-2281-0456 www.adelainterior.com

INTERIOR TIP

01

+ 침실 한편에 책상을 화장대로 활용하고 있다. 라탄 소재의 화장품 수납박스와 원목 책상은 전혀 이질적이지 않다.

02

+ 돔 형식의 천장과 매립형 조명으로 욕실을 꾸몄다. 타일과 화이트 액세서리의 조화가 한층 깔끔함을 더한다.

03

+ 갈색 시약병에 초록 아이비를 꽂아 두니 앙증맞다.

04

+ 한쪽 면에 큰 거울을, 다른 한쪽엔 수납장이 있어 신발과 가방 등의 소품을 넉넉히 수납하기에 안성맞춤이다. 손잡이가 없는 심플한 디자인의 수납장이다.

05

+ 아기자기한 소품이 돋보이는 수납장 위. 소품들도 라탄 바구니 안에 담아 정리한다.

06

+ 주방은 상부장의 일부가 드러나 선반 역할을 톡톡히 한다.

01

02

03

04

05

06

INTERIOR SOURCES

콘크리트가 나무를 만났을 때
상업공간 느낌 낸 주거 디자인

09

송파구 풍납동 시티극동 아파트 79.2㎡ 리모델링

두 가지 느낌을 매치하면 좀 더 다양한 분위기를 연출할 수 있다. 모던함에 내츄럴을 가미한 아파트의 눈부신 변신에서 힌트를 얻어보자.

수납을 위해
방의 용도까지
과감히 바꿔

인테리어디자인사무소 봄(VOM)의 사무실 겸 주거공간인 79.2m²(24평) 아파트는 군더더기 없는 간결함이 돋보이는 공간이다.

거실·방 3개·욕실·주방·베란다로 이루어져 있던 구조에서 거실과 방에 딸린 베란다를 모두 확장하였고, 방 하나를 덩치가 큰 주방가전과 세탁기 등을 수납할 수 있는 다용도실로 탈바꿈했다.

거실에는 붙박이 소파와 책장으로 수납을 해결하면서 디자인 상담 등 비지니스룸으로 조성하였고, 안방은 침실과 업무를 볼 수 있게 파티션을 통해 공간을 분리하였다. 큰 테이블을 둔 거실은 요즘 거실 트렌드를 반영해 서재처럼 꾸밀 때에도 유용하며 주방이 협소하다면 다이닝 공간처럼 활용할 수도 있다.

욕실은 기존의 욕조를 없애고 샤워부스 외에는 건식으로 사용할 수 있게 시공하여, 파우더룸 용도로 가변적인 공간이 된다.

작은 집은 충분한 수납 공간이 없다면 제자리를 찾지 못하는 온갖 잡동사니들로 지저분해지기 십상이다. 모든 공간의 벽마다 부족함이 없게 수납 시설을 두어 한결 여유로운 공간 활용이 가능해졌다.

BEFORE

AFTER

과감한 시도로
모던 내츄럴
스타일 완성

블랙을 포인트로 하는 무채색의 모던함과 우드의 내츄럴함이 한 공간 속에서 서로를 보완하는 역할을 한다. 모던함을 극대화하기 위해 방을 제외한 모든 바닥에는 과감히 친환경 투명에폭시를 시공하였다. 바닥 난방에도 문제가 없어 상업공간에서 뿐 아니라 주거공간에도 적용할 수 있는 소재다. 소파 맞은편으론 브론즈경과 흑경을 사용하여 최대한 넓어 보이도록 의도하였다.

이렇듯 좁은 공간이지만 다양한 느낌을 연출하기 위해 상반되는 소재를 사용한 내부. 차가운 느낌의 거울을 사용했다면 다른 면에는 부드러운 느낌의 우드를 사용하여 한쪽으로 치우치지 않는 조화를 고려했다. 통일된 느낌을 주려고 조명 역시 차가운 금속성 소재와 우드 조명을 함께 사용했다.

현관과 안방에 시공한 우드 파티션은 한 공간에 여러 기능을 담아야 하는 소형 면적에 유용하게 활용되곤 한다. 공간을 나누는 고유의 역할 뿐 아니라 밋밋한 공간에 재미난 요소로 활기를 더해주는 좋은 아이디어다.

기존의 싱크대와 가스레인지가 자리를 차지하고 있던 'ㄱ'자 주방은 아일랜드 식탁과 바(Bar)까지 둘 정도로 여유가 생겼다. 아일랜드 형태의 싱크대를 제작하고 싱크대 옆으로 간이 식탁을 함께 두어 식사를 할 수 있는 공간으로 만들었다. 사용하지 않을 때는 넣어 두고 공간을 넓게 활용할 수 있어 콤팩트한 기능성을 강화했다. 삼파장등으로 조명을 만들어 주었는데, 15W로 제작한 조명은 뜨거운 열이 발생하지 않는다.

싱크대 자리에는 바(Bar)가 자리를 잡았다. 아래쪽으로 수도배관이 인입되어 있어 설비문제를 해결하는 동시에 전망을 고려해 단을 높였다.

가스레인지와 싱크대 위치에 변화를 주니 주방공간을 한결 유연하게 사용할 수 있게 되었다. 의외로 공사비를 크게 들이지 않고 효과를 얻을 수 있는 부분이니 활용해 볼 것!

+ 디자인 및 시공 DESIGN VOM 010-9347-8574 http://blog.naver.com/jpplusp

INTERIOR TIP

01
+ 거실 벽에 매입된 흑경 문을 열면 감춰져 있던 수납공간이 드러난다.

02
+ 기존의 방을 다용도실로 바꾸었다. 세탁기, 냉장고, 분리수거함, 다리미판, 오븐, 밥통 등 자리를 차지하는 가전제품들을 한 곳에 모아 깔끔하게 벽면에 수납했다.

03
+ 아이방에는 컬러풀한 러그와 장식장 겸 수납장으로 꾸며 주었다.

04
+ 거실은 너무 차가워 보이지 않게 적절히 우드를 가미한 모습이다.

05
+ 놀랄만한 주방 수납의 모습. 아일랜드 식탁의 양쪽에 모두 수납이 가능하며, 주방 상부의 벽에도 수납공간이 숨어 있다.

06
+ 오픈형 우드 조형물은 답답하지 않게 공간을 나눠 준다.

INTERIOR SOURCES

10

23PY

코티지 스타일로 완성한
옥탑방이 있는 작은 집

광진구 군자동 빌라 75.9㎡ 리모델링

공사가 끝나고 완성된 모습은 애초 원미라 씨가 스크랩 해 둔 이미지와 흡사하다. 확실한 디자인 컨셉의 중요성을 말하는 사례다.

외국 컨츄리 농가를
군자동 빌라에
풀어내

아늑하고 포근한 인테리어를 꿈꿨던 안진영, 원미라 씨 부부는 '이국적인 옛 시골집' 같은 분위기를 원했다. 컨츄리 컨셉의 내츄럴한 느낌은 한동안 유행했던 스타일이지만, 자칫 산만해질 수가 있기에 수위조절이 필요한 부분. 또한 '오두막 별장' 느낌과 현재 빌라의 기본적인 요소가 다름을 인정해야 했다. 나무창이 아닌 이중 새시, 높은 박공모양의 천장이 아닌 일자형의 낮은 천장 등. 집안 분위기를 많이 차지하는 요소들을 간과할 경우 흉내 낸 것에 지나지 않는 느낌이 들 수 있기 때문이다.

나무패널, 벽돌벽, 타일 등은 최대한 컨츄리한 느낌의 자재를 사용하되, 뼈대는 모던하게 유지했다. 천장은 페인트 시공으로 깔끔하게 연출하고, 주방의 조명은 LED 매입등을 시공했다. 기존 창문에 블랙의 필름마감을 더해 컨츄리와 모던의 조절점을 찾아갔다.

BEFORE

AFTER

컨셉은 살리면서
실용적인
리모델링 작업

3층 빌라의 꼭대기 집은 2층 계단부터 옥상까지 올라가는 계단을 모두 활용할 수 있다. 이를 간과하지 않고 계단에 엘더 집성목을 깔아 실내처럼 사용할 수 있도록 하는 한편, 수납 선반을 제작해 쓸모 있는 공간으로 변신했다.

주거공간에서 가장 불편을 느끼기 쉬운 공간은 주방과 욕실이다. 애매한 냉장고 자리를 옮겨 'ㄷ'자 주방으로 만드니, 주방의 시야가 한결 시원해 보이면서 효율적인 동선을 확보하게 되었다. 컨츄리한 느낌을 살리고자 상부장을 없애고 선반으로 대신해 안주인의 의도를 확실히 구현했다.

기존의 집 구조는 세탁실이 따로 없어 세탁기를 화장실에 넣을 수밖에 없는 상황이었다. 샤워할 공간이 비좁아 불편함이 컸는데, 이를 해결하고자 드레스룸의 한쪽 벽을 허물어 샤워할 공간을 확보하고, 벽을 이용한 타일 수납장으로 한결 깔끔하게 수납공간을 만들었다. 거실에서 가장 눈에 띄는 부분은 패널벽을 가장한 슬라이딩 도어이다. 컨츄리한 공간에 빠지지 않는 목재 패널은 벽과 문이 일체되게 하여 문이 없는 하나의 패널벽면처럼 착시효과를 낸다. 그로 인해 소파를 가까이 둘 수 있게 되어 한결 공간 활용이 유용해졌다.

자주 쓰지 않는 물건을 쌓아두거나 빨래를 말리는 역할만 하던 옥상공간은 주택에서나 볼 수 있는 너른 데크를 깔고 어닝을 설치했다. 막혀있던 벽에 햇살이 잘 들게끔 커다란 창문을 내니, 밝고 햇볕이 잘 드는 옥탑방은 사색의 즐거움이 공존하는 곳이 되었으며, 작은 싱크대까지 두어 실속있게 변신하였다. 이제 부부는 옥상에서 텃밭을 가꾸거나, 친구들을 초대해 상추를 씻어 바비큐 파티를 열 수도 있다. 따뜻한 햇살 아래에서 독서를 하거나 곧 태어날 아이와 함께 물놀이를 하는 것도 즐거운 일이 될 것이다. 따뜻한 봄날을 기다리는 옥탑방은 현재, 부부가 좋아하는 와인을 나누며 달빛 아래에서 도시를 내려다보는 데이트 공간으로 사용되고 있다.

+ 디자인 및 시공 YELLOW PLASTIC 070-7709-3542~3 http://blog.naver.com/otherj

+ 옥상 바깥 전경   + 옥탑방

INTERIOR TIP

01
+ 침실 안에 수납장을 설치해 옷을 깔끔하게 정리할 수 있다.

02
+ 외국 지하철 노선도를 액자로 제작해 벽돌 벽에 데커레이션 해 주었다.

03
+ 서재로 들어가는 문도 컨셉을 통일해 직접 제작했다.

04
+ 빈 벽을 이용한 수납 선반장. 빈티지한 타일로 컨츄리풍 인테리어의 베이스를 만들었다.

05
+ 그릇부터 양념장, 오븐까지 대용량 수납이 가능한 주방 하부장. 안주인의 필요에 의해 맞춤 제작되었다.

LIVING ROOM

+ **벽 타일** 대성벽돌의 고벽돌
+ **소파** 미의 풍경가구 댄디쇼파
+ **커튼** 텍스월드 블랙라벨암막 오트밀색상
+ **서재 방문** 고방유리(무늬목 제작)
+ **새시** 기존 새시에 필름 붙임
+ **액자** 포스터를 액자로 제작
+ **TV장** 세덱
+ **테이블** 세덱
+ **패널벽, 슬라이딩 도어** 미송합판 12~15cm 간격으로 자르고 지당 작업 후 락카로 마감(페인팅도 무방함)
+ **조명** 라이팅뷰
+ **마루** 이건 온돌마루(티크)

KITCHEN

+ **후드** 하츠 글라스 후드
+ **조명** LED 매입등
+ **블라인드** 허니콤
+ **선반** 방수합판(상판)과 고재 티크목(전면)에 스테인 칠과 투명락카 작업
+ **그릇장** 세덱
+ **식탁의자** 세덱
+ **식탁, 수납장, 선반** 디자인 제작
+ **바닥 타일** 윤현상재(컨츄리한 느낌을 살리기 위해 헤링본 시공)

BEDROOM

+ **수납장** 세덱
+ **협탁** 세덱
+ **침대** 디사모빌리(Contempo)
+ **침구** 세덱(중간에 쿠션 – 무인양품)
+ **벽 타일** 윤현상재 벨기움스톤
+ **마루** 이건 온돌마루(티크)

BATHROOM

+ **수전** 나노
+ **세면기** 대림
+ **변기** 아메리칸스탠다드
+ **거울** 논현동 황동산업(스텐 제작)
+ **조명** 라이팅뷰(팬던트)
+ **수납장** 디자인 제작
+ **선반** 디자인 제작

11

26PY
직접 고른 벽지로 힘주기
베이직 컬러 스타일링

성동구 행당동 한진 아파트 85.8㎡ 리모델링

이 집은 베란다 확장이나 벽을 허무는 큰 공사는 없었지만, 집의 분위기를 좌우하는 벽면의 컬러 선택에 심혈을 기울였다.

싱크대 위치
변화로
조리공간 확보

서울 행당동의 아파트 리모델링 사례는 근방의 리모델링 시공 사례가 풍부한 업체에 일임해 진행되었다. 인테리어 스타일리스트는 85.8㎡(26평) 복도식 아파트 구조에 대한 이해가 선행된 상태여서 빠른 협의가 가능했다.

안주인 박미정 씨와 스타일리스트는 평면도를 바탕으로 거듭 논의를 거쳐 컨셉을 잡으며, 집주인이 직접 고른 벽지 컬러에 맞춰 전체적인 분위기를 조율했다. 다소 어두운 색상의 벽지를 선택한 대신 바닥은 밝은 색으로 골랐고, 주방 타일 컬러 역시 통일감을 주어 은은한 분위기를 자아낸다.

면적에 비해 거실에는 비교적 큰 테이블을 두었는데, 트랜스포머형으로 용도에 따라 줄이거나 넓혀서 활용할 수 있다. 주방은 욕심을 내서 가스 이설작업과 후드배관 위치를 변경해, 싱크대 구조에 변화를 주었다. 최대한의 조리공간과 시각적인 공간 확보를 노린 것이다. 신혼부부에게 딱 맞는 사이즈로 아일랜드 식탁을 짜 맞추고, 옆으로 작은 수납장을 배치했다.

AFTER

인터넷
정보 수집으로
각종 소품 장만해

인테리어에 관심이 많은 박미정 씨는 아기자기한 소품을 구입하며 소소한 재미에 빠져 산다. 작은 수납장들과 살림살이까지 거의 대부분 온라인을 통해 경제적으로 구입했다고 밝힌다.

"아직 저희 부부밖에 없어서 베란다 확장공사는 하지 않았어요. 총 수리비용이 대략 1,600만원 정도 들었고요."

소형 면적의 인테리어 리모델링에서 다소 뻔한 공식이 나올 수 있었지만, 이번 사례는 요모조모 쓸모 있게 공간을 꾸민 흔적이 엿보인다. 우선 좁은 공간을 최대한 활용하고자 화장대 가구를 두지 않고 코너 공간을 이용해 선반형 화장대를 두었다. 테이블을 거실 중앙에 배치하면서 밀려난 소파는 작은 사이즈의 2인용으로 대체하고, 그에 딱 맞는 협탁을 마련했다. 선반 장식이 더해져 아늑한 공간으로 꾸며진 모습이다. 평면의 기다란 구조를 십분 이용해 현관 앞으로 벽 거울을 달았고, 빈 벽을 코지 공간으로 채웠다.

+ 디자인 및 시공 아델라 인테리어 디자인 02-2281-0456 www.adelainterior.com

INTERIOR TIP

01

+ 빈벽을 알림판으로 장식했다. 간단한 메모나 희망사항들을 귀엽게 데코해 두었다.

02

+ 오픈 수납장에 리빙 박스를 따로 구입해 끼워 넣었다. 이전보다 더 많은 수납이 가능해졌다.

03

+ 보기 싫은 인터폰 박스를 가려주는 안주인의 센스가 엿보인다.

04

+ 칸칸이 잡동사니를 보관하기 좋은 이동형 수납장.

05

+ 기존에 가지고 있던 수납장을 활용하기 위해 아일랜드 식탁의 사이즈를 맞춰 주었다.

06

+ 시스템 행거를 이용해 드레스룸을 효율적으로 활용했다.

01

02

03

04

05

06

LIVING ROOM
+ **벽지** did 다크브라운, did 베이지
+ **테이블, 소파, 커텐** 이케아
+ **쿠션, 컬러 서랍장, 액자** G마켓
+ **선반(소파, 화장대)** 디자인 제작 후 랩핑
+ **바닥** 동화 강화마루 클릭
+ **조명, 매립등** 가우디 55W

KITCHEN
+ **서랍장, 스툴** 이케아
+ **벽 타일** 일본 FUJIMI
+ **싱크대, 후드** 한샘
+ **조명** 비비나라이팅

BATHROOM
+ **소품 및 선반** 이케아
+ **벽** 이화타일
+ **바닥** 동서타일
+ **천장** 노아세라믹
+ **조명** 금호조명 매입등
+ **세면대** 동서 이누스

BEDROOM & DRESS ROOM
+ **침대** 퍼니처 오리진스
+ **서랍장, 책장** 두닷
+ **침구** 그레이스의 구스
+ **시스템** 공간 크라징

질감과 패턴으로 변화를 준
흰 쌀밥같은 화이트 인테리어

12

용인시 하갈동 신안인스빌 아파트 82.5㎡ 리모델링

82.5㎡ 3bay 구조의 아파트는 제한된 면적 안에서 편리함을 최대로 끌어내기 위해 철저히 계획되었다. 군더더기 없이 깔끔한 화이트풍 스타일 이지만 알고 보면 다양한 소재의 변신이 곳곳에 숨어 있다.

밋밋한 화이트는 NO!
소재를 달리하면
느낌 달라

싫증나지 않고 질리지 않는 집으로 만들고 싶었다는 안주인 박상희 씨. 인테리어 스타일리스트인 그녀가 가장 좋아하는 화이트 컬러를 베이스로 소재와 질감에 변화를 주고 원목을 포인트로 시공하였다.

"저희 집은 하얀 쌀밥 같은 집이에요. 밥 한 숟가락에 어떤 반찬을 올려도 그 반찬이 제일 먼저 보이고, 밥에서 모락모락 올라오는 김 때문에 더 맛있게 보이잖아요. 쌀밥처럼 하얗고 맛깔나게 표현되는 집이 컨셉이었죠."

화이트풍 인테리어는 자칫 밋밋해 보일 수 있다. 그렇기 때문에 소재의 텍스쳐나 패턴 등을 다양하게 선정하는 것에 주안점을 두었다. 같은 화이트라도 주방 바닥의 타일과 벽의 느낌은 확연히 다름을 알 수 있다. 주방이 오픈되어 있다보니 전형적인 타일보다는 우드 패턴의 화이트 타일을 선택해 벽에 시공했다. 두 가지 사이즈로 재단해 불규칙하게 두께의 변화를 주니 지루하지 않은 모습이다. 보조주방에는 다양한 각도로 반사되는 모자이크 유광타일을 선택했다.

부부침실은 두 가지 벽지로 꾸몄는데, 침대 헤드쪽에는 아이핑거의 레이스 패턴을, 나머지는 무지 펄이 있는 화이트 벽지를 시공했다. 싱크대 상판 역시 화이트 계열이지만 펄 입자가 있어 살짝 그레이빛이 도는 인조대리석을 선택했다. 현관 벽에도 유니크한 질감이 살아 있는 이색적인 느낌의 타일을 선택했다.

BEFORE   AFTER

채광을
받아들이는
오픈형 LDK 구조

신혼 시절, 1층 집에서 약 1년 반을 살면서 채광의 절실함을 몸소 체험했던 박상희 씨. 지금 집은 동향이다 보니 오후에는 후면 창에서 들어오는 햇빛이 길다. 그 늘어지는 빛을 거실까지 들여놓고 싶은 욕심에 주방과 거실을 오픈형으로 계획했다. 주방 싱크대는 최소한의 동선을 살려 'ㄷ'자로 배치했고, 상부장을 설치하지 않는 대신 수납을 보완하기 위해 측면에 키 큰 수납장을 설치했다. 평소 주방용품에 관심이 많아 간직하고 있는 물건들이 상당했기에 넉넉한 수납장은 필수였다.

주방 뒤편으로 마련된 보조주방에도 상부장과 하부장을 짜 넣었고, 보조가전 역시 깔끔하게 수납할 수 있게 붙박이장을 설치했다. 선반보다는 문을 달아 감춰두는 것을 선호하는 안주인의 취향을 그대로 반영한 공간이다. 볕이 잘 드니 빨래를 널어둘 수 있게 천장에 옷걸이를 걸 수 있는 건조대를 마련해 둔 아이디어가 돋보인다.

그녀는 자신의 집을 개조하면서 세 개의 방 중 부부침실과 드레스룸을 제외한 방 하나를 남편만의 공간으로 꾸며 주었다. 아이가 태어나기 전까지는 자신만의 공간을 누리게 해주고픈 배려에서다.

가변적인 공간이 되는 방은 추후 아이 가구로 채워질 것을 예상해 빈 벽에 선반 겸 책장을 두었다. 선반형 책장은 공간의 활용도를 높여주는 유용한 아이템으로, 작은집 리모델링 공사에서 그녀가 선호하는 수납 방법이다. 작은 책들과 소품은 선반 상단을 아기자기하게 꾸며주며, 아래쪽에는 문을 달아 적절히 가려주는 센스를 발휘한다. 반면, 하루의 업무를 이메일을 체크하면서 시작한다는 그녀는 바쁜 출근 준비를 동시에 해결하기 위해 드레스룸 한 편에 책상을 마련하였다. 책상 공간을 확보하기 위해서 치밀한 수납 계획이 선행되었는데, 이불 수납을 위한 붙박이장에는 거울문을 달아 방을 넓어 보이게끔 의도하였고, 건너편에는 많은 옷을 효율적을 수납할 수 있는 시스템 옷장을 설치하였다.

+ 디자인 및 시공 바이홈 031-8005-7996 www.byhom.co.kr

INTERIOR TIP

01
+ 주방에 마련해 둔 대형 수납장. 그릇과 각종 살림 도구를 종류별로 수납할 수 있어 유용하다.

02
+ 물푸레 나무로 시공한 욕실 문. 집 안의 포인트 월 역할을 톡톡히 한다.

03
+ 공사를 하면서 천장의 남는 공간은 짐을 보관하는 장소로 활용하였다.

04
+ 보조주방에도 철저한 수납계획이 숨어 있다. 볕이 잘 드는 창에는 세탁물을 걸 수 있게 천장에 고리를 만들어 주었다.

05
+ 남편의 서재방에는 추후 아이방으로 용도가 바뀔 것을 고려해 수납장을 짜 넣었다.

01

02

03

04

05

INTERIOR SOURCES

13

25PY

애장품으로 단장한
센스 넘치는 신혼집

인천시 학익동 엑슬루타워 82.5㎡ 홈 드레싱

결혼을 앞두고 미리 단장한 신혼집에서 기타, 액자 등의 애장품을 멋스럽게 데코하는 비결을 찾아본다.

손품으로
얻게 된
보물 아이템

뚜렷한 개성을 가진 가리모쿠 소파와 그래픽 이미지의 그림 액자를 소장하고 있는
최유진 씨. 신혼집에 들일 가구와 분위기를 구상하며 취향에 맞게 구입하다 보니
레트로 모던을 컨셉으로 잡게 되었다. 빨간 하트의 이미지에 반해 직접 한 편에 그
림 액자를 걸어두고, 카페 같은 거실을 꾸몄다.

고층 아파트의 전망을 돋보이게 해주는 'ㄱ' 창을 십분 살려 창 쪽으로 원목 테이블
을 두고, 바닥마루와 동일한 컬러로 우드 블라인드를 맞춰 아늑한 느낌을 살렸다.
빈티지풍 액자와 시계, 확실한 존재감으로 그 자체가 데코 아이템이 되는 조명은
일상의 피로감을 씻어낼 만큼 특별한 무드를 선사한다.

스타일링을 맡은 트리샤 고선예 실장은 남다른 아이템을 선택하고자 인터넷 사이
트 검색에 많은 시간을 쏟는 편인데, 아직 TV 위에 걸어 둘 시계를 고르지 못해 근
한 달간 자리를 비워두었을 정도다. 특별한 인테리어 아이템이라면 낯선 외국 쇼핑
몰일찌라도 검색을 두려워하지 않는다.

"마음에 드는 자재나 소품이 있는 사이트를 찾으면 해당 사이트에 링크되어 있는
관련 아이템들을 꼬리를 물고 찾아가 보죠. 그러다보면 끝내 흔치 않은 보물을 찾
는 순간이 오지요."

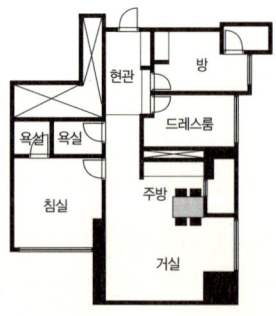

AFTER

가구로 생긴
스타일링 욕심으로
집 전체를 꾸며

최유진 씨는 본격적으로 신혼 가구를 구입하기 위해 정보를 찾던 중 마음에 꼭 드는 화장대를 발견하게 된다. 화려해 보이지만 과하지 않은 컬러의 보라색 화장대는 평소 그녀가 바래 마지 않는 컬러이기도 했다. 직접 제작한 화장대를 계기로 스타일링에 관심을 갖게 되어 화이트 베딩과 커텐, 액자 등으로 침실을 꾸몄다. 쿠션이나 거울의 화사한 컬러와 침구 등 화이트 톤의 적절한 조화는 로맨틱하고 포근한 침실로 완성되었다.

드레스룸에는 전신거울과 화이트 가구를 배치하였는데, 나중에 아기방이 될 것을 대비해 산뜻하고 깔끔하게 컬러를 통일했다.

집 안 곳곳에는 시선을 붙잡는 그림 액자가 눈에 띈다. 컬러감 있는 그림은 다른 어떤 데커레이션 보다, 공간에 힘을 실어 주면서 따뜻한 분위기 조성에 큰 몫을 한다. 각기 다른 스타일의 의자들 역시 색다른 매력을 뽐낸다. 레트로 모던풍의 디자인 의자들을 어느 공간이든 자유롭게 스타일링 할 수 있도록 노린 것이다. 이렇듯 컨셉이 다른 의자들을 섞어두면 변화가 느껴져 집 꾸미기의 또 다른 재미를 느낄 수 있다. 의자에 책을 놓거나 조명을 올려 테이블의 역할도 가능하며, 화분을 올려 두어도 멋스럽다.

거실의 한 코너에는 전자기타와 앰프가 놓여 있다. 강렬한 오렌지 컬러의 기타는 자연스럽게 연출한 초록 식물과 함께 거실을 생기 있게 만들어 준다. 애장품이나 추억이 깃든 물건들을 가까운 곳에 돋보이게 노출시켜 주는 것만으로도 훌륭한 데커레이션 방법이 된다.

+ 디자인 및 시공 트리샤 010-9130-4741 www.trisha.co.kr

INTERIOR TIP

01

+ 디자인 제작을 의뢰한 화장대. 은은한 퍼플 색감이 신혼부부에게 인기만점인 가구다.

02

+ 오브제가 된 조명이 분위기를 이색적으로 꾸며 준다.

03

+ 거실 테이블 위 아기자기한 소품과 독특한 전구 모양의 꽃병.

04

+ 전셋집인 까닭에 주방가구에는 특별히 손을 대지 않았다.

05

+ 드레스룸 수납장 위 따스한 색감의 액자와 데코 용품.

스타일리스트의 추천 사이트
www.gurim.com 국내외 다양한 그림보유
www.muuto.com 가구, 조명, 디자인 소품
http://kiasha.com 화기, 화병

LIVING ROOM

+ **소파** 가리모쿠(리모드)
+ **토끼 쿠션** 키티버니포니
+ **사이드 테이블, 액자 그림** 통 프로젝트
+ **테이블** 디자인 제작(통 프로젝트)
+ **스탠드** 비비나 라이팅
+ **블라인드** 한솔 덱스터
+ **선풍기, 시계** 개인 소장품
+ **러그** 한일 카페트
+ **의자(4개 각각)** 통 프로젝트, 가구앳홈

BEDROOM

+ **침대, 침구, 화장대, 커튼** 디자인 제작(침대-통
  프로젝트)
+ **보라색 쿠션** 주미네
+ **스탠드 조명** 인디테일
+ **액자** 개인 소장품(프랑스 수입)
+ **시계(사이드 테이블 위)** 개인 소장품(미국 수입)
+ **스탠드 조명** 비비나 라이팅

DRESS ROOM

+ **러그** 루밍
+ **쿠션, 거울** 디자인 제작(거울-준포스터)
+ **의자** 통 프로젝트
+ **행거** 삼신마네킹
+ **옷장, 수납장** 이케아
+ **블라인드** 허니콤(한솔 덱스터)
+ **꽃병** 로라애슐리
+ **액자** 개인 소장품(수입)

30PY

30PY

14

30PY
계단이 있는 집
가족의 라이프스타일을 담은 빌라

성남시 도촌동 빌라 100㎡ 리모델링

높은 층고를 활용해 과감히 조명을 달고, 다양한 마감재로 이색적인 느낌을 낸 모던한 빌라의 무한변신에 주목한다.

아이와 부부가
모두 만족하는
집을 위하여

남경미 씨는 어린 자녀들에게 맞춰 어두운 컬러는 피하면서 세련된 느낌을 가미해,
아이들도 좋아하고 부부의 스타일도 고려된 컨템포러리한 컨셉을 추구했다.
거실은 밝은 바탕 위에 책을 좋아하는 아이들이 서재처럼 활용할 수 있도록 TV를
없애고, 주방 테이블을 거실 쪽으로 옮겨와 이야기를 나누며 식사도 할 수 있는 가
족실의 기능을 담고자 의도했다. 무엇보다 부부가 차 한 잔을 나눠도 오붓하게 분
위기를 낼 수 있는 공간을 꿈꿨다. 온전히 가족의 라이프스타일에 따라 컬러와 기
본 디자인이 정해진 사례다. 집 안에서 아이들을 배려한 공간과 엄마만의 영역이
적절히 나눠지고 또 합쳐진 한 가족의 Dream House이다.

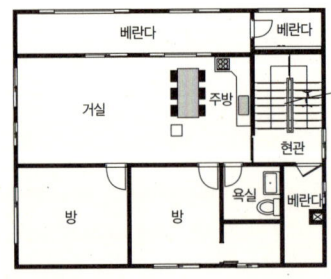

BEFORE

AFTER

모던을
세련되게
풀어내는 방법

초등학생인 두 자녀를 위해 계단 하부, 거실, 다락공간까지 집 안 곳곳에는 책을 읽을 수 있는 공간이 배치되었다. 특히 다락으로 올라가는 계단 밑에 퍼즐 형식의 바퀴 달린 책장을 짜서 아이들이 소파나 식탁 위에서 마음껏 책을 볼 수 있도록 만들었다. 책상을 벗어나 가족이 둘러앉은 테이블에서 책을 보고, 차를 마시는 자유로운 분위기가 연출된다. 테이블 측면의 밋밋한 창문은 블랙 프레임으로 포인트를 주어 주방과 단절되지 않게 꾸몄다.

주방은 가족의 로망을 담아 넓은 아일랜드 식탁을 두고, 블랙의 주방가구와 스테인리스의 차가움이 대비되어 모던한 매력을 뽐낸다. 브론즈경으로 만든 상부장과 블록 벽의 빈티지한 느낌, 온기가 느껴지는 자작나무 선반이 한데 어우러지니 카페에 온 듯한 착각을 불러일으킨다. 선반은 현관에서 들어오는 사람들이나 아이들 방과의 소통을 위해 오픈형으로 제작했다. 선반 하부에 블록을 쌓아 만든 벽은 파티션의 역할과 동시에 자연스럽게 복도를 만들어 주는 장치다.

아이방은 부드러운 파스텔톤의 벽지와 가구들로 차분한 인성을 기를 수 있게 돕는다. 침대 아랫부분 역시 책을 읽을 수 있도록 리모델링 공사 시 전기 배선 작업을 함께 진행했다.

욕실은 블랙 컬러를 바탕으로 지브라 패턴의 타일로 포인트를 주고, 벽면은 그레이톤으로 마감했다. 브론즈경의 욕실장은 블랙과 그레이톤을 중화시켜 주고, 그로시한 느낌을 의도한 것이다. 조명과 거울, 타일, 브론즈경의 가구 모두가 어우러져 서로를 잘 살려주는 아이템들이 된 듯하다.

다락으로 올라가는 난간과 계단 옆의 거실창은 금속으로 제작해 통일감을 준다. 집에 걸어두는 가족사진은 자칫하면 촌스럽기 십상인데, 팝아트 느낌으로 캔버스 작업을 하니 집안 분위기와도 잘 어울린다.

+ 디자인 및 시공 바이올렛 스타일 010-7518-0051 www.violetstyle.com

INTERIOR TIP

01
+ 현관에서 들어오는 복도의 빈 벽에는 가족 액자와 남경미 씨의 애장품인 시계를 걸어두고 개성 있는 스툴을 두었다.

02
+ 거울과 조명 자체가 오브제가 되는 화려한 욕실. 하부장의 브론즈경으로 공간을 넓어 보이게 하는 효과를 냈다.

03
+ 다락에 자리 잡은 아이들의 작은 서재. 낮은 창고의 아지트 같은 공간이다.

04
+ 주방 수납장은 남경미 씨의 요청에 의해 넉넉한 수납이 가능하도록 맞춤 제작했다.

05
+ 낮은 다락의 층고를 활용해 아이의 키 높이에 맞게 욕실을 시공했다. 앙증맞은 세면대와 변기의 크기가 눈길을 끈다.

INTERIOR SOURCES

LIVING ROOM & STAIRS
+ **벽** 삼화페인트, 화이트 파벽돌
+ **바닥** 노출콘크리트 쏠리톤
+ **창문** LG 시스템창, 디자인 제작(여닫이 금속창)
+ **쿠션, 계단 하단 책장** 디자인 제작
+ **소파** 벤스 + **의자** 가구앳
+ **조명** PRADA 라이팅
+ **테이블** 구로철 금속다리, 티크상판(가구앳)
+ **계단** 평철과 환봉 금속 작업(난간, 미송)

KITCHEN
+ **바닥** 노출콘크리트 쏠리톤
+ **수전** 로얄토토 + **타일** 일영세라믹 수입타
  일(이태리, 스페인) + **주방가구** 은성퍼니처
+ **스툴** 가구앳 + **매입등, 일전구** 국도조명
+ **가스 후드** 하츠
+ **선반** 디자인 제작(자작나무)
+ **콘크리트 장식** 조적 무광코팅마감

BATHROOM
+ **문** 디자인 제작 + **하부장** 은성퍼니처
+ **세면대, 수전** 대림 + **거울** 안나프레즈
+ **바닥, 벽 타일** 각각 스페인산, 이태리산

KID'S ROOM
+ **바닥** 노출콘크리트 쏠리톤
+ **벽지** 아트피셔벽지 + **침대와 사다리** 플렉사
+ **책상과 책장, 창문 벽걸이** 디자인 제작
+ **옷장, 붙박이 수납장** 은성퍼니처
+ **블라인드** 헌트더글라스

BEDROOM
+ **조명** 국도조명 + **침대** 벤스가구
+ **거울** 안나프레즈 + **커튼** 디자인 제작
+ **붙박이장** 은성퍼니처

DUPLEX
+ **벽체 장식** 동화마루 벽면마감
+ **의자** 디자인스킨빈백
+ **테이블** 스타일k
+ **욕실 타일** 이화타일
+ **책장** 디자인 제작 + **바닥** 동화강화마루
+ **세면대, 수전, 변기** 대림바스

141

15

32PY

이국적인 오브제가 돋보이는
믹스매치 스타일링

동작구 사당동 대림 아파트 105.6㎡ 홈 드레싱

목돈이 들어가는 리모델링이 아닌 스타일링만으로도 멋을 낼 수 있는 마술 같은 집을 엿본다.

안주인의 취향과
감각이 드러나는
집 꾸밈

인테리어 디자이너이자 집의 주인인 박서지 씨는 프랑스에서 오랜 기간 동안 거주하면서 모은 러그들과 일본, 프랑스의 앤티크 숍에서 구입한 스탠드, 칼블러스펠트 사진이 들어있는 액자 등으로 집을 꾸몄다. 발품 팔아 모은 예쁜 물건으로 스타일링 하는 걸 좋아하다보니 집 안에는 그녀의 감각과 취향이 고스란히 담겨, 제각각인 물건들을 모아두어도 전혀 어색하지 않다.

프렌치 스타일과 아시아 앤틱의 형태를 고수해 감각적인 스타일링을 선보이되, 컬러는 블랙과 화이트, 그레이로 통일감을 주었다. 거기에 파스텔이나 튀는 색상의 러그나 소품이 드러날 수 있도록 강약을 조절했다.

거실은 그레이 톤과 화이트 벽지, 나뭇결이 살아 있는 월넛 마루 바닥재가 기본 컬러다. 프랑스풍 벽난로 장식은 데커레이션을 염두에 두고 시공한 부분으로, 앤티크 중국 의자와 블랙 프레임의 그림을 곁들여 장식적인 공간으로 완성했다. 소파로 가득 찬 거실이 아닌 크고 작은 스툴을 놓아 편하게 사용할 수 있으니 판에 박힌 거실이 싫다면 따라서 시도해 볼만하다.

확장된 베란다의 일부는 미니 서재가 되었다. 붙박이형 책장과 책상을 시공한 후, 리넨 커튼으로 거실 공간과 분리했다. 이국적인 러그는 따뜻한 느낌을 더한다.

BEFORE

AFTER

수납을 고려한
햇살 담긴
아늑한 침실

침실은 낮은 아파트 천장을 고려해 매트리스만을 사용하고, 가벽을 세워 드레스룸을 꾸몄다. 덩치를 차지하는 장롱을 두는 대신, 작은 면적에 깔끔한 수납을 이루었다. 책 보기를 즐기는 박서지 씨의 취향에 맞춰 한쪽 벽면은 책장을 짜 넣었다. 편안함이 느껴지는 분위기에서 자연스럽게 책을 펼칠 수 있는 분위기가 연출된다.

유럽풍 투알 드 주이(toile de jouy) 벽지로 깔끔하면서도 확실한 포인트를 삼았다. 프랑스와 한국의 스타일을 적절히 믹스해서 꾸민 침실은 화려하지는 않지만 은근한 멋이 풍긴다.

그녀가 생각하는 좋은 인테리어란 보기에 화려하고 예쁘기만 한 것이 아니다. 생활하기에 아무런 불편함이 없어야 하며, 공간을 사용하는 목적과 원하는 바가 정확하게 스며 있어야 한다. 이를 위해 가장 신경 쓰는 것이 수납이다. 아무리 디자인 계획이 있더라도 수납이 완벽하게 해결되지 않은 상태에서는 기대했던 효과를 내지 못한다.

집안을 빈틈없이 꾸미려고 하면 오히려 지루해지기 쉽다는데. 쓸모없는 공간이나 한곳을 눈에 확 띄게 극대화해 예쁘게 꾸미는 것이 더 효과가 크다고 전한다. 자녀 방을 꾸며 줄 때는 알록달록하게 치장하기 쉬워 자칫 산만해질 수 있다. 이에 어떤 물건도 자연스럽게 포용할 수 있도록 카키 그레이를 베이스로 두고, 한쪽 벽에 화이트 책장을 짜 맞춰 주니 세련되면서도 실용적인 공간이 되었다.

딸의 방은 화려한 골드 컬러로 몰딩된 책상과 벽에 붙은 다양한 사진으로 꾸몄다. 그림 그리기를 좋아하는 아들 방에는 마음껏 그림을 그릴 수 있도록 유리 보드를 만들고, 대청마루를 상판으로 활용한 책상 역시 눈길을 끈다.

+ 디자인 및 시공 한성아이디 1577-7727 www.hansungid.com

INTERIOR TIP

01
+ 보유하고 있던 데커레이션 용품과 가구 등을 고려해 시공했던 벽난로 장식.

02
+ 외국 여행중에 구입한 상판을 티테이블로 활용했다.

03
+ 거실 한편에 둔 그녀의 책상은 추억이 담긴 액자와 그에 어울리는 소품으로 꾸며 주었다.

04
+ 침실에는 많은 양의 책을 수납할 수 있을 뿐 아니라 디자인까지 고려한 책장을 두어, 아늑한 침실에 어색하지 않게 연출하였다.

05
+ 딱딱한 책상에서 벗어나, 화려한 몰딩으로 세상에 하나 뿐인 개성 있는 책상을 만들었다.

06
+ 편안한 분위기를 조성해 주는 침구.

INTERIOR SOURCES

16

33PY

캐릭터 소품으로 가득한
만화가의 스튜디오

성남시 야탑동 오피스텔 109㎡ 홈 드레싱

집 안에서 대부분의 시간을 보내는 만화가는 그동안 수집한 소품들과 함께 그만의 감각이 묻어나는 공간을 완성했다.

CAFE
마조앤새디
거실

마조앤새디 정철연 작가의 작업실 겸 보금자리는 한눈에도 이색 소품이 가득하다. 만화가답게 캐릭터가 확실한 아이템을 좋아해 가습기부터 쓰레기통 하나까지 평범한 물건이 없다. 집에서 작업하는 시간이 많아 스스로 즐기며 일하는 분위기를 만들기 위해 공을 들인 모습이다.

특히 거실은 창작의 소재를 찾기 위해 책을 읽으며 새로운 아이디어를 고심하는 공간으로 꾸몄는데, 기존의 소파를 과감히 치우곤 8명은 거뜬히 앉을 수 있는 커다란 테이블을 제작해 배치했다. 확실한 포인트가 되는 테이블 조명은 발품을 팔아 중고숍에서 건진 아이템이다. 독특한 조명과 함께 남다른 안목을 엿볼 수 있는 디자인 의자들 역시 개성이 넘친다. 디자이너 작품부터 황학동 가구 골목까지 샅샅이 뒤져 발견한 의자는 거실장과 함께 강렬한 컬러 인테리어 효과를 준다.

AFTER

독특한 소품과
실용적인
아이디어 가득해

방에는 식탁 크기의 널찍한 테이블을 책상으로 사용하고 있는데, 세 개를 벽에 붙여
나란히 배치했다. 부부의 책상과 미싱을 하는 화장대 겸용의 테이블이다. 오피스텔
의 작은 면적을 활용하려다 보니 본의 아니게 침실에 책상을 들이게 되었다고.
빈 벽을 활용해 설치한 선반에는, 아기자기한 소품과 인형이 빼곡히 자리를 채우고
있다. 자칫 산만해질 법도 한데, 크기와 종류별로 배치된 소품들은 나름대로의 규
칙을 가지고 자리를 잡고 있는 모습이다.
엽서, 글자 장식, 여행가방 등 그만의 감각으로 배치해 놓은 보물 같은 아이템들은
모두 확실한 존재감으로 빛을 발한다.

INTERIOR TIP

01, 05

+ 드레스룸으로만 사용하는 방에는 마치 쇼윈도
에 진열된 듯한 모습으로 신발과 선글라스를 정
리해 두었다.

02

+ 보기 싫은 에어컨을 스티커로 가려준 센스. 소
품들은 일정한 룰에 의해 정리되어 있다.

03

+ 나란히 배치한 책상 선반은 부부 각자의 애장
품으로 채워져 있다. 자리를 차지하기 위해 각축
전을 벌이는 듯한 모습이 재미나다.

04

+ 쓰레기통과 커피 보관함으로 사용하는 로봇
장난감들. 좋아하는 캐릭터라면 장난감이든 인형
이든 취향에 맞게 모으곤 제 역할을 정해준다.

LIVING ROOM

+ 핑크 의자 죽전 에비뉴몰(이태리)
+ 브라운 의자 황학동 비비드 카사
+ 나머지 의자 황학동 업소용 주방, 가구 골목
+ 레드 케비넷, 책장 이케아
+ 미러볼 율리스(www.ullys.com)
+ 벽걸이 CDP 무인양품
+ 테이블 물푸레나무 맞춤 제작
+ 바 조명 청계천 빈티지숍 썬타페
+ 스폰지밥 가습기 토이저러스
+ R2D2 커피 보관함 아이피규어 장터

KITCHEN

+ 조명 데일리스윗(www.dailysweet.co.kr)
+ 커피머신 일리 프란시스
+ 음료 쇼케이스 황학동 업소용 주방골목(중고)

BEDROOM

+ 트웸코 시계, 스탠드 조명 텐바이텐
+ 책상 SEDEC 아울렛(분당)
+ 책상 앞 선반 마켓엠
+ 침대 이케아
+ 침구 무인양품
+ 의자 황학동 주방 골목

DRESS ROOM

+ 5단 서랍장 빈티지브로스(www.vintagebros.com)
+ 옷장, 화이트 수납박스 이케아
+ 전신거울 홈플러스

17

32PY

홈 카페의 로망을
오픈형 주방으로 실현한 집

용인시 청덕동 물푸레휴먼시아 108㎡ 리모델링

답답해 보이는 벽을 허물어 복도를 없애고, 방을 거실로 바꾸는 등 대대적인 리모델링이 이루어진 현장이다.

동선과 수납을
고려한
인테리어

6개의 벽을 허물 정도로 대공사였던 현장은 대대적인 리모델링이 이뤄졌다. 좁고 긴 복도를 넓게 내는 한편, 방을 거실로 탈바꿈 해 주었다. 천장까지 꽉 차 있어 답답해보였던 신발장은 낮은 장으로 교체하고, 유리 장식을 상단부에 시공해 시야를 확보했다.

막혀 있던 세탁실은 다이닝룸으로 새롭게 태어났다. 맞춤형 나무의자와 테이블을 짜 넣어 아담한 카페로도 손색없이 꾸몄다. 리모델링 공사를 하면서 수도배관과 수도밸브를 어떻게 가리느냐가 숙제였는데, 배관이 지나가는 자리에 붙박이 의자를 두어 문제를 해결했다. 의자는 뚜껑을 열어 책을 보관할 수 있고 매입형 콘센트에 노트북 등을 연결해 카페 분위기를 만끽한다.

현관과 가족실 등에는 슬라이딩 도어가 시공되었는데, 이는 동선을 방해하지 않으면서 공간의 열림과 닫힘을 자유자재로 만들어 준다.

BEFORE

AFTER

오픈형의
아담한
주방

이 주택에서 가장 눈여겨볼 곳은 주방이다. 리모델링을 주도한 달앤스타일의 박지
현 스타일리스트는 조리공간을 넓히면서, 가리고 싶은 곳은 가려주는 전천후 주방
을 구상했다.

"주방이 꼭 숨어 있을 필요가 있나요? 안주인이 주방에서 일하면서도 가족실과 거
실, 다이닝룸, 현관까지 바라볼 수 있게 디자인했습니다. 대신 보이기 싫은 부분은
가릴 수 있게 식탁을 'ㄱ'자 구조로 짜맞춤 했습니다."

식탁 천장에는 조명등이 매입된 등 박스를 머리 위까지 내려오도록 시공해 바(Bar)
에 온 듯한 분위기를 연출해 준다. 한쪽에 바(Bar)형 의자까지 두어 간단한 식사도
할 수 있도록 활용도를 높였다. 다이닝룸과 주방 사이의 수납장은 전자렌지와 자질
구레한 주방도구들을 수납하며, 책과 CD로 데코가 가능하다. 겉으로만 예쁘장한
것이 아니라 주부의 마음을 헤아린 충분한 수납공간과 동선이 안주인의 만족도를
높여준 리모델링 사례이다.

+ 디자인 및 시공 달앤스타일 016-345-1004 http://cafe.naver.com/dallstyle

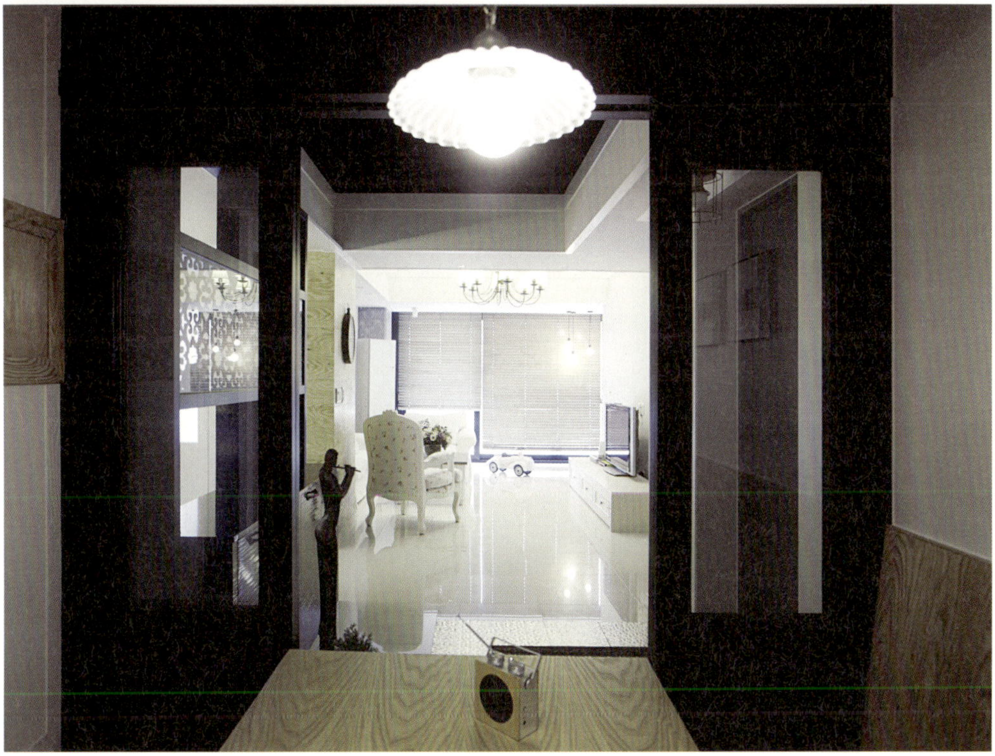

INTERIOR TIP

01

✛ 주방과 다이닝룸 사이에 있던 도시가스 계량기를 수납장으로 감쪽같이 가렸다.

02

✛ 바(Bar) 형태로 제작한 주방 싱크대와 아일랜드 식탁 모습.

03

✛ 가족실에서 바라본 주방. 과감하게 시공한 레드 컬러의 벽지가 생동감을 불어넣는다.

04

✛ 천장을 높여 준 현관. 바닥에 반짝이는 타일을 시공해 평범한 현관의 인상을 바꿔 주었다.

05

✛ 유리블록은 채광 확보에 좋고 그 자체로도 좋은 오브제가 된다.

01

02

03

04

05

INTERIOR SOURCES

18

32PY

미니멀한 바탕 위에
따뜻한 색채를 가미한 멋 내기

영등포구 신길동 삼환 아파트 105.6㎡ 홈 드레싱

절제되어 있지만 제 역할을 톡톡히 하는 가구가 눈길을 끄는 집. 따뜻한 햇살 때문에 한층 내츄럴한 분위기가 고조된다.

붙박이장으로
수납 해결과
웜 업 스타일링

32평 아파트라도 해도 오래된 아파트의 경우 수납공간이 특히 부족한 것이 공통적인 문제다. 이 집은 수납공간을 확보하기 위해 공간이 좁아 보이지 않도록 붙박이장을 곳곳에 계획하였다.

체리톤 일색의 붉은 마감재들을 철거하면서 본격적인 리모델링이 시작되었다. 미니멀하고 모던한 베이스를 만들기 위해 마감재들은 최대한 컬러와 패턴들을 배제했다. 이로써 자칫 차가워 보일 수 있기에 우드가 가미된 가구와 패브릭 조명 그리고 아트 포스터 등의 소품과 컬러를 사용해, 모던하지만 따뜻한 온도의 가구와 소품들로 완성했다. 특히 조명은 미니멀한 아이템이지만 패브릭 소재를 선택해 빛을 포근하게 만드는 데 중요한 역할을 한다. 침실의 스탠드는 나무 살이 돋보이는 제품으로 내츄럴한 느낌을 한결 더해주며, 아이방의 벽등은 수면등으로 사용 할 수도 있고, 잠을 자기 전에 아이가 책을 읽다가 잠들 수 있도록 신경 썼다.

AFTER

센스 있는 가구로
디자인과 실용성
모두 놓치지 않아

기존 거실은 집으로 들어오면 바로 TV가 보여 어색했는데, 이와 반대로 현관에서 들어왔을 때 소파가 보이도록 디자인했다. 가족 서재 겸 수납공간이 되는 거실장은 오픈형과 도어를 적절히 배치해 활용도는 높지만 깔끔하게 수납이 되도록 디자인 된 아이템이다.

좁은 주방은 먼저 덩치 큰 냉장고의 자리를 잡아주고, 조리공간을 확보할 수 있도록 아일랜드 식탁을 두었다. 다이닝 공간이 되는 테이블을 제작했고 오픈형 선반까지 깔끔하게 시공했다. 군더더기 없이 절제된 선으로 마무리 된 주방에 생동감 넘치는 그림 한 점과 화사한 쿠션은 아늑한 가족의 저녁식사를 꿈꾸게 한다.

침실 역시 조금이라도 공간을 넓게 사용할 수 있도록 슬라이딩 붙박이장을 설치하고, 붙박이장의 컬러는 최대한 벽지와 자연스럽게 연결되도록 밝은 톤으로 제작했다. 붙박이장의 패턴이나 특별한 포인트는 오히려 공간을 좁아 보이게 하기 때문에 최대한 미니멀한 제품으로 선택한 것이 포인트다.

침대는 책을 수납하거나 상자를 이용해서 생활용품들을 깔끔히 정리할 수 있도록 프레임에도 수납을 놓치지 않았다. 벤치로도 활용할 수 있어 아늑한 침실에 정감을 더해 준다.

+ 디자인 및 시공 바오미다 02-511-4702 www.baomida.com

INTERIOR TIP

01
+ 아이방 침대 머리 위로 독서등을 두어 활용도
가 높다. 기존 가구를 활용해 벽지와 소품으로
스타일링 했다.

02
+ 심플한 디자인의 세면대로 욕실을 꾸몄다.

03
+ 그림 한 점으로 화사해진 식탁. 쿠션의 데커레
이션에 따라 색다른 분위기를 연출할 수 있다.

04
+ 화장대와 책상의 역할을 겸하는 가구. 살아 있
는 나뭇결의 정취가 느껴지는 따뜻한 침실 인테
리어를 완성했다.

05
+ 거실의 책장이자 수납장은 깔끔하게 수납을
해결해 준다.

LIVING ROOM
+ **페인트** 던에드워드(천장)
+ **벽지** 서울벽지 플레인
+ **바닥** LG 지인 PVC 모노륨 실크앤터치
+ **창호** LG 지인 이중새시
+ **현관 칸막이** 디자인 제작
+ **TV 장식장, 소파** 디자인 제작
+ **러그** 꼰비비아
+ **블라인드** 덱스터
+ **쿠션** 키티버니포니
+ **거실 조명** 메가룩스

KITCHEN
+ **그림액자** 바오미다 보유 소품
+ **싱크대 및 아일랜드** 한샘
+ **조명** 메가룩스
+ **식탁** 디자인 제작

BEDROOM
+ **블라인드** 덱스터
+ **붙박이장** 한샘
+ **의자** 디오가구
+ **침구** 에이스까사
+ **화장대** 디자인 제작
+ **선반형 수납장** 디자인 제작
+ **거울, 침대** 디자인 제작
+ **조명** 메가룩스

BATHROOM
+ **수전** 아메리칸스탠다드
+ **수납장, 선반** 한샘
+ **세면대** 아메리칸스탠다드
+ **변기** 아메리칸스탠다드
+ **타일** 대호타일

KID'S ROOM
+ **벽지** 우리벽지 솔루션
+ **침대** 밴키즈
+ **책상** 밴키즈
+ **침구** 에이스까사
+ **블라인드** 덱스터
+ **액자** 바오미다 보유 소품
+ **수납장** 디자인 제작

19

31PY
가정집의 고정관념을 깬
변화무쌍한 마감재의 조화

마포구 성산동 빌라 105㎡ 리모델링

이고운 씨는 채광이 좋지 못한 방은 과감히 없애고, 서재와 다이닝룸을 하나로 합쳤다. 그리고 색다른 마감재를 더했다.

불필요한
공간은
용도를 바꿔

마포 빌라는 옐로우 플라스틱의 이고운 실장이 남편과 함께 머무는 집이다. 빌라의 구조상 채광이 좋지 못한, 주방과 마주한 방 하나를 없애고 대신 남편의 서재 공간을 과감히 거실로 끌어냈다. 이로써 소통하는 용도의 다이닝룸이 만들어졌다. 기존의 형태를 보면 복도를 지나 방 두 개가 붙어 있고 좁은 주방이 답답하게 느껴졌다. 그녀는 방의 개수보다는 가족이 주로 보내는 공간에 더 집중했다고 설명한다.

"부부만 사는 집이기에 방은 두 개로 충분했어요. 의미 없는 가구도 최대한 배제하니 충분히 여유로운 공간을 얻을 수 있었죠."

좁았던 주방을 넓히고 싱크대가 노출되지 않는 구조로 꾸미니, 집안에 들어섰을 때 주방도 거실의 일부분 같은 느낌이 든다. 특히 이 공간은 다양한 재질의 마감재를 활용해 감각적인 느낌을 강조했다. 노출콘크리트, 콘크리트 타일, 유리벽, 무늬목 등의 소재를 적절히 활용한 점이 눈에 띈다. 기존과 두드러진 차이를 느낄 수 있는 부분은 바닥과 벽에 활용한 타일이다. 주방 벽에는 푸른빛이 도는 깊은 바다색의 모자이크 타일과 콘크리트 타일을 시공하였으며, 대부분의 바닥에는 검정색 타일을 사용해 차분하게 어우러지도록 신경 썼다. 베란다에도 검정에 가까운 회색 타일을 시공해 거실과의 이질감을 없애니 마치 거실이 확장된 듯한 효과를 낸다. 각각의 타일들이 나름대로의 독특한 느낌을 살리는 효과를 본 셈이다.

BEFORE   AFTER

고정관념을 깨는
조명과 수납
아이디어

생활의 중심인 거실과 주방은 천장고를 높이고, 키 큰 남편을 배려해 거실에는 벽면에 간접조명을 계획하였다.

"저희 부부가 강한 백색의 불빛을 꺼려 드레스룸 외에 모든 공간에 노란 삼파장등을 사용했어요."

빈 벽면에는 그림이나 선반 대신 조명이 데코를 대신하고 있는데, 이로 인해 거실이 탁 트여 보인다. 다이닝 공간과 주방 천장에는 부피감 있는 조명을 설치하니 포인트 조명을 적절히 활용한 좋은 예가 되었다.

거실과 주방을 넓게 쓰기 위해 가구를 최소화 한 대신 빨간색 캐비닛의 TV장, 원색의 쿠션 등 강렬한 컬러를 가미해 심심하지 않게 스타일링했다.

부족한 수납을 위해서 서재 책장 하단부에 자질구레한 물건을 수납할 수 있도록 계획하였고, 책장 옆 기둥에도 수납의 기능을 담았다. 욕실에는 벽을 활용해 매입 선반을 제작해 두는 한편, 수납용품들 자체로 데커레이션이 되게 했다. 침실에 딸린 욕실은 샤워실을 없애고, 한쪽에 낮은 장을 짜 넣어 간단한 물건을 둘 수 있게 하였다. 눈에 띄지는 않지만 곳곳에 수납에 신경 쓴 모습을 엿볼 수 있다.

침실에는 바닥, 침대 헤드, 욕실 슬라이딩 도어에 우드를 시공해 통일된 색상을 주었고, 침구를 재미난 아이템으로 선택하여 자칫 무거워 보일 수 있는 공간에 유니크한 매력을 더했다.

이고운 실장은 초보자들이 스타일링을 할 수 있는 방법으로 "화이트와 블랙, 조금 더 첨가한다면 우드 정도를 이용하는 게 기본"이라며, "여기에 패브릭이나 소품 등 포인트를 줄 수 있는 색감이나 디자인을 접목하는 것이 팁"이라고 전한다.

시공이 필요한 부분은 심플함과 모노톤을 유지한 채, 계절이 바뀌거나 지루할 때 새로운 기분으로 집의 인테리어를 쉽게 바꿀 수 있는 스타일링 노하우다.

+ 디자인 및 시공 YELLOW PLASTIC 070-7709-3542 http://blog.naver.com/otherj

INTERIOR TIP

01

+ 현관에서 들어오면 십자가 창의 장식이 바로 보인다. 복도를 심심하지 않게 꾸며 준다.

02

+ 침실에는 스탠드 조명을 헤드 장식에 올려 줌으로써 색다른 조명 인테리어를 완성했다.

03

+ 제작한 화이트 수납장과 나무 선반은 청결한 욕실의 이미지를 만든다.

04

+ 거실에 딸린 욕실에는 타일 벽 자체를 선반으로 활용하게끔 시공하였다.

05

+ 어두운 바닥 타일을 거실과 다이닝룸, 주방까지 시공해 확장된 효과를 노렸고, 그에 반해 벽은 밝은 색상으로 마감해 모던함을 강조했다.

INTERIOR SOURCES

LIVING ROOM
+ **벽** 실크벽지, 페인트 도장
+ **바닥 타일** 윤현상재(스페인산)
+ **창문** 필름 및 도장
+ **소파** 이케아
+ **TV 수납장** 이케아
+ **쿠션** 이케아 스코그
+ **테이블** 퍼니매스
+ **의자** 퍼니매스
+ **조명** 을지로(벽 등은 개당 6만원)
+ **액자** 고낙범 작가 작품
+ **그림** 직접 그린 소장품

KITCHEN & DINING ROOM
+ **가림막** 시멘트 블럭에 락카 도장(콘크리트), 강화유리에 스테인리스 시공(유리 가림막 – 시공비 120만원)
+ **바닥 타일** 윤현상재(스페인산)
+ **새시** LG
+ **수전** 아메리칸스탠다드
+ **후드** 하츠
+ **조명** 을지로(펜던트 60만원, 매입등 개당 5만5천원)
+ **테이블, 의자** 디자인 제작

ENTRANCE
+ **벽, 바닥 타일** 윤현상재(스페인산)
+ **조명** 을지로 구입

BATHROOM
+ **변기** 대림
+ **수전** 대림
+ **세면대** 대림
+ **선반** 고속버스터미널 지하상가 구입
+ **바닥, 벽 타일** 을지로 구입(국산)
+ **거울, 문** 디자인 제작(집성목)

BEDROOM
+ **바닥** 후지겐 온돌마루
+ **벽지** 실크벽지
+ **침대** 디자인 제작
+ **침구** 미국 제품
+ **침대 장식** 고속버스터미널 지하상가 구입
+ **조명** 이케아

20

34PY

북카페를 집 안에
빈티지 스타일의 셀프 리모델링

의정부시 호원동 우성 아파트 115㎡ 리모델링

원하는 공간을 만들기 위해 열정적인 셀프 리모델링으로 인테리어를 바꾼 빈티지 홈. 신혼집에 대한 로망을 풀어 낸 사례다.

용도를 정하고
셀프 리모델링을
감행해

김성은 씨는 어릴 때부터 상상하던 신혼집과는 거리가 멀었던 애초의 집을, DIY를 몸소 실현하며 리모델링에 도전했다. 적은 예산을 들여 집이 점차 꿈과 가까운 모습으로 변해가자, 힘들어도 끝내 완성할 수 있었다고 한다.

"핑크빛 신혼을 누리기엔 암담한 인테리어라 처음 집을 본 순간, 셀프 리모델링을 선언했죠. 그때부터 대장정이 시작되었습니다."

먼저 드레스룸, 파우더룸, 작업실로 각 방들의 용도를 정하고 가구배치를 계획했다. 침실은 철저한 휴식을 위해 침대 외에는 어떤 가구도 두지 않기로 작정했고, 침실에 딸린 좁은 화장실은 김성은 씨의 전용 파우더룸으로 계획했다. 베란다 확장을 통해 넓혀진 거실은 부부가 가장 많은 시간을 보낼 메인 생활공간으로 변신시켰다. 컴퓨터 작업이 많은 부부의 직업 특성상, 집에서 가장 넓은 거실을 단순히 TV와 소파로 채우기엔 공간이 아깝다고 생각했기 때문이다.

AFTER

직영공사의
인테리어 업체
선정하기

셀프 인테리어를 위해 넘어야할 큰 문턱은 전문적인 영역을 해결하는 일이었다. 바닥과 전기, 베란다 확장 같은 전문가의 손길이 필요한 부분은 직영공사가 필요했기에, 김성은 씨의 세세한 요구사항을 적극적으로 동조해 줄 이를 선별했다. 이후 베란다 새시를 철거할 때 세면대와 주방 싱크대 등을 함께 철거해서 폐기물 처리 문제도 해결했다.

그녀는 전동드릴은 기본에, 콤프레셔와 페인트 스프레이, 수평자까지 전문가 수준으로 도구를 다루고, 오일스테인, 노출콘크리트 코팅제, 핸디코드, 타일 등의 다양한 마감재를 직접 시공했다.

'문고리닷컴'이나 '나무이야기' 등의 DIY 사이트를 적극 활용하는 한편, 원하는 자재를 구입하기 위해 을지로 골목을 직접 다니며 발품을 팔았다. 반조립 가구라도 스테인칠이나 타일 시공, 패브릭의 변화로 안주인의 감각을 덧씌우기도 했다.

거실 한 벽은 노출콘크리트 효과를 주기 위해 벽지를 뜯어내고 그라인더로 깔끔하게 마무리한 후, 전용 코팅제로 칠해주었다. 중노동이라고 표현할 정도로 고된 작업은 벽지를 벗겨내는 일만 며칠이 걸렸을 정도다. 군데군데 벽에 남은 자국에서 당시의 노고를 짐작할 수 있다.

답답하지 않은 선반 책장을 만들기 위해 을지로 거리에서 찬넬을 구입하고, 나무를 제작해 스테인까지 칠한 후 설치하니 4m 가까이 되는 대형 책장이 완성되었다. 간격을 조절해 아트북이나 박스 등 용도에 맞게 높이를 조립할 수 있으니 실용적이다. TV와 소파를 테이블과 등지게 베란다 쪽으로 배치해 독립된 공간으로 분리하고, 부부가 가장 많은 시간을 보내는 테이블에서는 식사를 하고 일도 한다. 할로겐 조명과 음료수 냉장고까지 갖추니 자유로운 분위기의 북카페로 변신! 아이디어와 색다른 가구 배치로 활용도 높은 거실의 훌륭한 예를 보여준다.

+ www.cyworld.com/about1027에서는 보다 자세한 셀프 리모델링 정보를 얻을 수 있다.

INTERIOR TIP

01

+ 북엔드를 군데군데 세워 깔끔하게 책을 지지
하도록 한다.

02

+ 레이스와 오너먼트로 꾸며 준 침실의 창가. 초
록 식물을 함께 배치해 생동감이 느껴진다.

03

+ 추억의 소품들로 장식한 주방 식탁의 모습.

04

+ 벽에 떠 있는 듯한 장식이 돋보이는 책꽂이.
부엉이 인형이 마치 둥지에 앉아 있는 듯, 기발
한 아이디어를 더했다.

05

+ 보기 싫은 냉장고 옆면을 그릇장으로 제작해
가려 준 센스가 엿보인다.

01

02

03

04

05

INTERIOR SOURCES

LIVING ROOM
+ **북엔드, 서랍장** 마켓엠
+ **빈티지 수납 박스** 삼나무 패널
+ **테이블** 나무이야기(반제품에 타일과 페인트 시공)
+ **소파** 쏨모
+ **작은 테이블** 스프러스 제작, 마켓엠 손잡이
+ **의자** 을지로 가구거리
+ **냉장고 옆 수납장** 삼나무패널, 스프러스
+ **시계** 파리 HABITAT에서 구입
+ **조명** 자카르타 수라바야 앤티크 거리의 숍
+ **사다리** 이케아
+ **책장** 챈넬과 나무
+ **벽지** 방산시장 종로벽지

KITCHEN
+ **테이블, 식탁** 삼단 철재 틀 주문제작(을지로 철재소), 나무(문고리닷컴), 대동유리
+ **스툴** 문고리닷컴 구입 후 도색 패브릭 씌움
+ **테이블 조명** 자카르타, 수라바야 앤틱거리
+ **쿡탑, 후드** 하츠

POWDER ROOM & BATHROOM
+ **책상과 스툴(파우더룸)** 나무이야기(반제품 구입 후 도색하고, 스테인레스 세면볼을 끼워 제작)
+ **바닥과 벽 타일** 타일이야기
+ **샤워커튼** 모던하우스
+ **천장** 핸디코트
+ **욕조 타일** 문고리닷컴
+ **세면대** 아메리칸스탠다드
+ **원목거울** 삼나무 패널(오일을 여러 겹 발라 방수 처리한 후, 실리콘으로 붙임)

BEDROOM
+ **벽지** 대동벽지(방산시장 종로벽지)
+ **거울** 라플로르(가운데 제일 큰 것), 모던하우스 (화이트), 해외 여행 중 구입한 앤티크 제품
+ **침구** 캐스 키드슨, 베게는 직접 제작
+ **침대 헤드와 사이드 수납장** 쏨모
+ **쿠션** 일 쉬르 라 소르그(프랑스 파리 패브릭 숍)
+ **커튼** 네스홈, 문고리닷컴(레이스)
+ **커튼 장식물** 웨지우드 크리스마스 오너먼트 (하늘색), 마틸드엠(하얀색 천사)
+ **바닥** 동화자연마루(강화마루)

21

32PY

온라인 카페 최고 조회수 기록한
기적의 수납장이 있는 집

고양시 행신동 서정마을 아파트 105.6㎡ 리모델링

인테리어 카페로 유명한 레몬테라스에서 주부들의 열광적인 반응을 얻었던 기적의 수납장이 있는 집을 찾았다.

베란다 확장으로
공간 효율성
높여

강동석, 이미경 부부는 결혼 후 10년만에 내 집 마련을 하곤 두 달에 걸쳐 대대적인 리모델링을 했다. 평소 늘 꿈꾸던 갤러리 같은 분위기를 위해 화이트 컬러의 벽 도장과 짙은 브라운 마룻바닥으로 모던하게 연출하였으며, 그 외 문이나 문틀에는 블랙 무늬목 필름을 시공하였다.

복도와 주방을 가로지르는 무늬목 수납장은 집 안의 확실한 포인트. 이미경 씨의 요구사항들을 세세히 반영해 제작되었는데, 가로의 우드 패널 디자인은 긴 복도의 이미지를 부각시켜 확장된 효과를 낸다. 든든한 수납공간 덕분에 한결 집 안 정돈이 쉬워졌다는 그녀가 공개한 수납장은 일목요연하게 살림도구와 온갖 그릇들이 제자리를 잡고 있었다.

안방은 파우더룸의 공간을 넓히는 한편, 일부 벽을 철거하여 제작한 붙박이장을 파우더룸에까지 시공했다. 아이방에 있던 기존 베란다는 확장을 통해 드레스룸으로 계획하였으며, 놀이방 역시 낮은 수납장을 창가에 짜 넣어 벤치 역할까지 담당하게 했다.

BEFORE

AFTER

수납력 좋은
가구로
일석이조 효과 내

거실의 낮은 천장은 슬래브까지 노출되어 간접조명을 더욱 돋보이게 한다. 사선으로 제작한 아크릴 소재의 등박스는 밋밋한 천장에 장식 효과를 냈다. 소파 뒤 빈 벽을 가득 채운 포스터 액자, 빈티지한 TV장, 홈시어터가 정갈하면서 세련된 분위기를 연출한다. TV장 역시 놀랄만한 수납을 자랑하는데, DVD와 스피커 등을 감쪽같이 숨겨준다. 특히 벽걸이 TV의 배선 정리를 위해 가벽을 세워 준 점도 주요했다.

안주인의 세밀한 요구사항이 반영된 침실 붙박이장 역시 이불부터 넥타이, 정장 등 수납 종류에 따라 크기를 달리한 점이 눈길을 끈다. 깔끔한 화이트의 세로 라인을 컨셉으로 디자인 되었는데, 언뜻 보면 벽처럼 보여 한결 방을 넓어 보이게 한다. 낮은 침대는 답답한 아파트 천장의 한계를 보완해 주는 역할을 한다.

아이방에는 포인트가 되는 별 조명과 침구로 스타일링한 대신, 벽지는 화이트로 시공하였다. 놀이방에는 아이들 장난감과 책을 수납할 수 있는 붙박이장을 제작했다. 하단부에는 박스로 수납을 도우며, 슬라이딩 칠판을 설치해 자유롭게 낙서를 하면서 적절히 책들을 가려주는 역할도 한다.

+ 디자인 및 시공 817DESIGN SPACE 02-712-1723 www.817designpace.co.kr

INTERIOR TIP

01

+ 침실 한 편의 파우더 공간. 스틸로 제작한 벽면 장식에 간단한 메모나 사진 등을 데커레이션 해 둔다.

02

+ 깔끔하게 배선이 정리 된 TV장. 완벽한 오디오 시스템을 갖추고 리모델링 공사 때부터 선 정리를 염두에 두었다.

03

+ 효율적인 동선을 고려해 주방 싱크대를 'ㄷ'자로 배치하였다.

04

+ 중문 역할을 하는 파티션과 간접 조명이, 긴 복도를 심심하지 않게 꾸며준다.

05

+ 항상 깔끔하게 정리되어 있는 수납장의 모습. 제작 시 용도별로 칸막이를 계획했다.

LIVING ROOM

+ **소파** 아피나
+ **액자** 뉴욕 moma에서 포스터 구입(판넬 제작)
+ **TV 하단 장** MDF(구로 철판 마감)
+ **바닥** 동화마루(강화마루)
+ **홈씨어터** 삼성
+ **메인 조명** MDF(아크릴을 양쪽에서 결속)
+ **매입등** 고은조명 할로겐
+ **페인트** 던에드워드(남양도건 시공)

DINING ROOM & KITCHEN

+ **수납장** MDF, 에쉬 무늬목
+ **식탁** 두께 40mm 에쉬 원목(상판 – 투명 우레탄),
  두께 10mm 철판(다리 – 도장)
+ **의자** Moo21
+ **메인 조명** 우물 천장에 등기구 설치 후 유백
  색 아크릴 씌움
+ **포인트 조명** 고은조명
+ **와인렉** 금속 Sus Polishing Pipe
+ **아이랜드 식탁** 리첸
+ **싱크대** 리첸
+ **후드** 리첸

BEDROOM

+ **안방 침대** 벤스(bens)
+ **침구** 무지
+ **장롱** 디자인 제작
+ **조명** 고은조명
+ **커텐** 비비드 인
+ **방 사이 액자** Amono
+ **벽지** did 벽지
+ **창호** LG 하우시스

KID'S ROOM

+ **침대** 이케아
+ **조명** 고은조명(별 조명 포함)
+ **책장, 책상** 디자인 제작
+ **벽지** did 벽지

ENTRANCE

+ **중문** 금속 프레임, 밍입유리
+ **조명** 고은조명
+ **페인트** 던에드워드(남양도건 시공)

22

30PY

내가 꿈꾸던
아지트 같은 작업실

마포구 합정동 오피스 100㎡ 리모델링

딱딱한 책상을 벗어나, 자유로운 발상이 오갈 수 있는 작업실을 꿈꾼다. 널찍한 테이블과 애장품들을 진열해 매력적인 공간으로 완성했다.

오브제를
진열한
공간 데커레이션

더화이트컴퍼니의 새로운 작업실은 하얀이 대표가 일터에서 오랜 시간을 보내는 디자이너들에게 아늑한 공간을 꾸며주고픈 생각에서 마련된 곳이다. 현장에서 바쁘게 뛰어다니다가도 사무실에 들어오면, 마치 집 안에 있는 듯 편안한 분위기를 느낄 수 있도록 디자인했다. 이전보다 훨씬 자유로운 분위기에서 의견 교환이 이루어지는 모습에 디자이너 모두 만족하고 있다.

"분위기가 달라지니 자연스레 테이블을 중심으로 커뮤니케이션이 이루어지더군요. 경직된 회의에서 벗어나니 사고가 유연해지는 듯해요. 예상 밖의 아이디어도 불쑥 불쑥 나오고요."

하 대표는 이번 작업만큼은 개성 강한 스타일링을 맘껏 펼쳐 본 기회였다고 설명한다. 그간 소중히 모아 오던 수집품들을 진열하는 한편, 자질구레한 용품들을 깔끔하게 보관할 수 있게 수납장을 마련했다. 워낙 현장에서 사용하는 물건들이 많아 체계적인 수납 시스템은 필수였다.

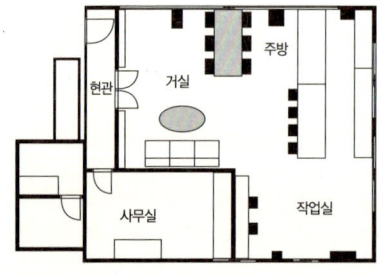

AFTER

용도에 따라
뚝딱 변신하는
공간의 마술

작업실은 스튜디오로도 활용되기에 푸드채널, 패션화보 등 다양한 스타일링 작업과 촬영이 가능하도록 이격 거리를 확보하고, 컨셉에 맞게 공간을 연출했다.

가장 고민스러웠던 부분은 인테리어 도면작업을 하는 사무공간과 스튜디오 촬영 시 동선을 고려하는 것이었다. 또한 100㎡(30평)의 원룸 형태의 공간을 따로 구획하면서 가변성을 염두에 두어야만 했다.

분위기에 따라 쉽게 멋을 낼 수 있는 빈 벽은 살리고, 촬영 시를 대비해 아일랜드 주방과 싱크대 문은 교체가 가능하게끔 만들었다. 문을 떼면 책장이 되기도 하고, 서랍을 빼면 문을 달수도 있는 식이다. 특히 '싱크대=가구' 라는 공식을 깨고 큰 벽면에 여러 개의 입구문을 만든다는 개념으로 이색적인 시도를 해, 독특한 싱크대가 만들어 졌다.

바닥은 모두 화이트 에폭시를 시공했는데, 화이트 톤은 관리가 어렵다고 생각할 수 있지만 자재의 특성상 의외로 유지가 쉬운 편이다. 물걸레질을 하면 깨끗하게 닦아지며, 간단히 청소기만 돌려도 먼지 없이 청결한 관리가 가능하다.

강렬한 컬러보다는 한 톤 낮은 컬러를 좋아하는 그녀는 좋아하는 컬러를 제대로 연출하기 위해서라도 화이트를 주조색으로 삼을 것을 권한다. 예쁜 오브제 역시 깔끔한 색상 위에서 빛을 발하기 때문이다.

+ 디자인 및 시공 더화이트컴퍼니 070-8615-5587 www.betterinwhite.com

Coca-Cola

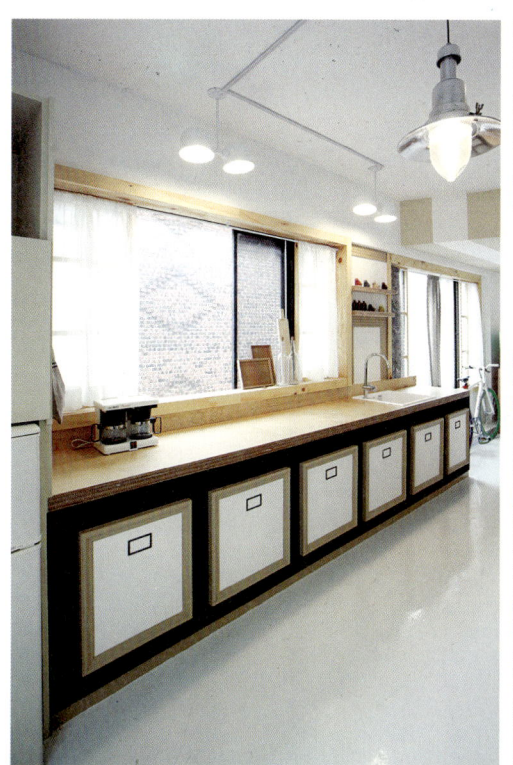

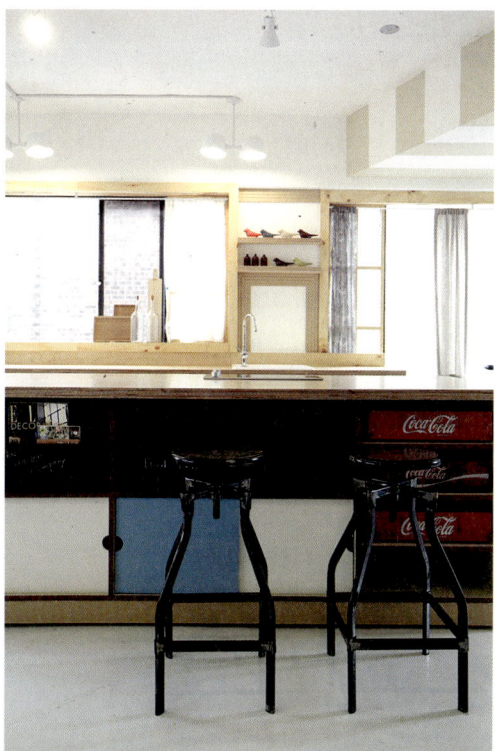

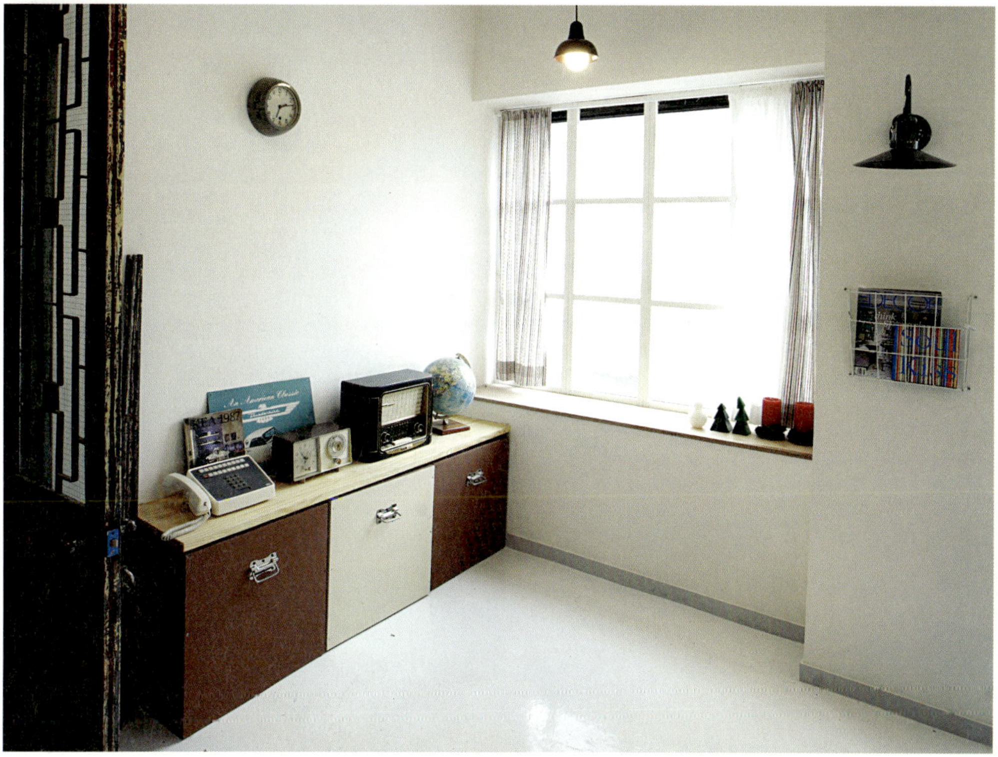
An American Classic

INTERIOR TIP

01

+ 세월의 흔적이 묻어나는 양문형 오픈도어로 빈티지한 느낌을 살렸다.

02

+ 창문은 기존에 있던 선팅 된 유리창 안쪽에 각재를 이용해 시공했다.

03

+ 빈 벽은 컨셉에 따라 얼마든지 분위기를 바꿔줄 수 있는 유용한 공간이 된다.

04

+ 책장 한 면의 검정색 도장은 칠판 페인트를 사용하였다. 자유자재로 글씨를 쓸 수 있어 집에서도 활용할만한 아이디어다.

05

+ 직접 제작한 테이블과 책장을 배치해 공간을 스타일링 했다.

06

+ 아일랜드 테이블 측면은 잡지를 꽂을 수 있게 만들었다.

LIVING ROOM & KITCHEN

+ **바닥** 화이트 에폭시
+ **천장** 노출콘크리트 + 화이트 수용성페인트
+ **벽** 석고보드 위 화이트 수용성페인트
+ **아일랜드 탁자, 싱크대** MDF(수용성페인트), 자작합판(상판 – 투명에폭시 마감 후 코팅)
+ **입구문** 에이치포엠(www.h-poem) 오리지널 빈티지 도어(잠금장치를 달고, 망입유리를 끼움)
+ **주방 메인 조명과 벽등, 블랙 조명, 선반장 아래 스탠드 조명** 강서태양전기
+ **그 외 조명** 마켓엠, 빈티지 숍
+ **창문** 각목 격자 제작
+ **중앙 테이블** 디자인 제작(상판 – 에쉬 집성목, 다리 – 리왕 로구로)
+ **의자** 마켓엠, 디오퍼니처, 가구인
+ **책장** 디자인 제작(다리 – 미송 투바이 다루끼, 상판 – 미송 집성목 24t)
+ **책장 앞 자작나무 테이블 및 소파, 의자** 디자인 제작(디오퍼니처)
+ **서랍장, 선반장** 디자인 제작(손잡이 – 태국에서 구입)
+ **블랙 1인 암체어** 가구인
+ **커텐** 디자인 제작(동대문)
+ **스툴** 디오퍼니처

INFO

INFO 01
리모델링 궁금증 Q&A

Q. 스타일리스트에게 리모델링을 의뢰 후, 시공과 관련한 전반적인 일정에 대해 설명한다면?

A. 고객과 미팅 후 디자인과 견적을 정리한다. 이 작업은 보통 2주일에서 길게는 한달도 걸릴 수 있다. 고객이 만족하는 디자인이 완성되었다면 이제 자재와 가구, 소품에 이르기까지 정보를 취합하고 디테일한 견적을 정리한다. 보통 리모델링 시공은 3주에서 2개월 정도 걸리는 경우가 대부분이고, 가구 제작일 경우 3주 이상이 소요된다. 시공 후 가구가 배치되고 패브릭, 소품류까지 세팅이 완료되면 완성이다. + 바오미다 성동명 실장

Q. 예산을 세울 때, 체크할 항목이나 공사 금액에 대해 알아둬야 할 점이 있다면?

A. 예산계획을 세울 때 구체적인 항목을 따지기가 쉽지 않다. 요즘은 인터넷을 이용해 정보를 취합하는 것이 쉬워 보이나 일면 함정이 있다. 인터넷으로 정보를 취합해도 현실화하기 전 현장 방문과 실물을 확인하는 작업은 필수다. 인터넷에 떠도는 숫자들은 소비자를 현혹하기에 충분하다. 그 숫자대로 진행되는 일은 거의 없다고 보면 된다. + 바오미다 성동명 실장

A. 새로운 집에 대한 부푼 꿈을 안고 인테리어를 준비할 때, 예상하지 못했던 부분이 발생될 경우가 많다. 인테리어 공사를 계획한다면 도배·바닥·씽크대·붙박이장·조명 교체 정도를 생각한다. 하지만 눈에 보이지 않는 금액에 대해서도 염두해 둬야 한다.
예를 들어 철거·필름·목공·입주 청소 등이 있다. 이런 금액을 고려하지 않는다면 예산 초과가 될 수 있다. 그리고 예산을 정하기 전 어느 공간에 비중을 둘 것인지도 결정해야 한다. 예를 들어 주방이 중요하다면 가구, 전체적인 동선, 색감, 자재 중 어떤 것이 중요한지 등 세부적인 생각을 해두면 계획을 잡는 데 도움이 된다.
기본 공사 외에 가구·패브릭·소품 등 인테리어의 마지막을 담당하게 되는 부분인 스타일링 또한 매우 중요한 요소이다. 생각보다 예산이 많이 초과 될 수 있는 부분이기 때문이다.
+ 옐로우 플라스틱 이고운 실장

A. 자신이 이 집에서 얼마나 오래 살 것인가에 따라 예산의 규모가 달라야 한다. 몇 년 살다가 이사할 가능성이 높은 집과 노년을 보낼 만큼 오래 살 집의 리노베이션 규모가 같을 수 없기

때문이다. 따라서 가장 먼저 각 공간에서 고치고 싶은 부분과 고쳐야 하는 이유를 따져야 한다. 예상 비용이 많이 나왔다면 저렴한 것으로 대체할 수 있는 소재, DIY로 가능한 부분, 추후에 변경해도 문제 되지 않는 일을 체크해 본다. 이때 안정성과 관련된 구조적인 공사에 투입되는 비용에는 인색하게 굴지 말자. 주방 수도꼭지를 필립 스탁 디자인으로 바꾸는 것보다, 개수대에서 악취가 나지 않게 트랩을 확실히 고정하는 것이 훨씬 중요하기 때문이다.

종합적으로 보면 리노베이션 규모는 예산에 따라 결정된다. 집의 크기와 개조 범위, 마감재에 따라 공사비용이 천차만별이기 때문에 반드시 예산을 세운 다음 공사 범위를 정해야 한다. 공사를 진행하다 보면 '이왕 하는거 조금 더 많이, 조금 더 좋은 것으로…' 하면서 중간에 추가 비용이 발생하는 경우가 매우 잦으므로, 총 비용의 10% 정도는 예비비로 마련해 두는 것이 좋다. + 한성아이디 박서지 이사

Q. 리모델링과 홈데코 중 어느 것을 택할지 망설여진다면?

A. 인테리어 공사 시 자재를 다이나믹하게 썼을 경우(예를 들어 타일 · 원목 · 벽돌 · 벽면 도장 · 천장 등 라인 등)에는 기본 마감재를 탄탄히 사용했기에 굳이 가구나 패브릭이 돋보이지 않아도 된다. 이미 충실히 기본을 보여주었기 때문에 가구나 패브릭은 모던한 라인으로 색상 정도만 결정해도 충분하다. 반면 경제성을 고려한다면 시공은 기본으로 하고, 가구나 패브릭 · 소품 등으로 데코하는 것이 효율적이라고 생각한다. + 옐로우 플라스틱 이고운 실장

Q. 적은 비용으로 우리집을 예쁘게 꾸미고 싶은데, 어디서부터 시작해야 할지 모르겠다면?

A. 멋진 데커레이션은 돈이 많이 든다는 생각은 편견이다. 가끔 천장 안에 있는 그릇들에 시선을 주자. 감이나 삶아놓은 밤, 고구마 등을 평범한 반찬 그릇에 떡하니 올려두는 것보다는 각기 모양이 다른 작은 나무쟁반, 항아리 뚜껑, 사각접시, 오븐용 유리그릇 등 사이즈나 패턴이 일반적이지 않은 그릇을 배치하면 색다른 데코가 가능하다. 또한 보지 않는 잡지, 영자 신문, 엽서 같은 것들도 활용하기 나름이다. 입지 않는 셔츠나 옷 중 예쁜 부분을 오려서 끝을 시침질 해 작은 보자기처럼 만드는 것도 아이디어다.

조금 더 감각적인 스타일링을 원한다면 예뻐서 사다놓은 작은 아이비 화분, 여기저기 올려둔

조화 화분, 소스볼 등을 찾아보자.

소스볼 같은 작은 볼에 티라이트를 켜두면 색다른 분위기를 연출할 수 있다. 요즘은 아로마향과 같이 향과 기능이 더해진 다양한 향초들이 많으므로 적은 비용에 집안 분위기도 바꾸고 잡냄새까지 없앨 수 있다.

플라스틱 작은 화분에 담긴 아이비를 베란다에 두었으나 뭔가 채워지지 않는 허전함이 있다면 식탁으로 가져와 꽃무늬 냅킨으로 감고 선물포장하고 남은 끈으로 묶어보자. 화분갈이를 할 필요 없이 예쁘게 그릇 옆을 장식할 수 있다. + 달앤스타일 박지현 실장

Q. 리모델링을 염두에 둔 이들이 가구를 선택할 때 고려할 점은?

A. 가구 매장을 찾거나 인터넷 쇼핑몰을 다니며 값싸고 질 좋은 가구를 찾았을 때, 구매자 자신이 갖게 되는 만족감은 경험해 본 사람만이 알 수 있다. 하지만 실제 가구가 집으로 배송되고 자리를 잡다 보면 그 기쁨이 산산조각 나는 경우가 있다.

각자의 가구들은 고급스러움을 뽐내며 육중히 자리잡고 서로를 견제한다. 전체적인 분위기를 맞춘다는 것은 전문가들도 어려워하는 부분이다. 무작정 같은 가구점에서 비슷한 스타일의 가구를 구입한다고 맞춰지는 것도 아니며 전체 색감을 맞춘다고 되는 것도 아니다. 그렇다고 정답이 있는 것도 아니다. 실수를 줄이는 방법으로 접근하는 것이 좋다. 우선 자신이 생각하는 우리 집의 분위기를 떠올리며 이런저런 가구에 대한 정보를 수집했다면 본격적인 쇼핑에 나서기 전 예산을 결정해야 한다.

수많은 정보를 취합하여 예산을 세웠다면 인터넷 세상과 실제 세상의 매장을 다니며 쇼핑을 시작한다. 그 시점에서 조심해야 하는 부분은 인터넷의 댓글과 가구 매장의 친절한 점원에게 흔들리는 마음이다. 매장 점원도 전문가라 할 수 있지만 본인의 머릿속까지 들어가 보지는 못할 터. 또한 내 집과 어울리는지까지 고려해 주진 못한다. 처음 머릿속으로 그렸던 자신의 그림이 최선일 가능성이 가장 높다. 또 한 가지 주의할 점은 리모델링 공사 중이라면 새롭게 바뀌는 공간의 사이즈를 확인하는 것이다. 공사가 진행되다 보면 무수한 변수들에 의해 사이즈가 변경된다. 너무 마음에 드는 가구를 구입했으나 사이즈가 맞질 않아 생각지도 못했던 다른 곳으로 밀려나게 되는 경우는 없어야 할 것이다. + 바오미다 성동명 실장

Q. 데커레이션을 위해 유의해야 할 점이 있다면?

A. 인테리어 아이템들의 충동구매를 자제해야 한다. 어디에 둘 지 어떤 용도로 쓸 지 확실치 않은 물건은 집을 지저분하게 만들고, 아무리 예쁜 물건들도 한데 모아두면 어느 것도 포인트가 되지 않는다.

빈 벽에 시계를 걸기 위해 고민 중이라면 그 시계가 돋보일 수 있는 무대를 만들어 주어야 한다. 다른 아이템들과 섞이면 시계가 빛을 잃을 수 있다. + 달앤스타일 박지현 실장

Q. 요즘 유행하는 카페 스타일의 인테리어에 도전해 보고 싶은데, 넓지 않은 주방 때문에 시도하지 못하고 있다. 좋은 방법이 없을까?

A. 주방 싱크대의 위치를 어떻게 두느냐에 따라 카페 인테리어의 특징인 넓은 테이블 배치가 용이해진다. 집의 도면을 펼쳐놓고 싱크대의 위치를 구상해 보자. 아이디어로 얼마든 창조적인 공간이 가능하다. 가족들 간의 커뮤니케이션 공간이 되면서 색다른 손님맞이의 공간이 되는 카페 인테리어에 도전하기란 그리 어려운 일이 아니다. 설치 비용은 가스 배관에 대한 문제만 없다면 20만원 선이다. + 817DESIGNSPACE 임규범 실장

A. 작은 집은 특히 주방을 꾸미는 데 걸림돌이 많다. 양문형 냉장고에 김치냉장고, 소형 가전 등을 놓아야 한다면 주방의 수도나 도시가스 이설이 필요할 수도 있다. 10년 이상된 아파트의 경우, 가전이 이렇게 많아지거나 커질 것을 생각하지 않고 싱크대가 설치된 곳이 많기 때문에 설비공사가 주요 공정에 포함되는 것은 흔한 일이다. + 옐로우 플라스틱 이고운 실장

Q. 작은 집에는 가벽이나 파티션을 두어서 공간을 분리하는 경우가 많은데, 답답하지 않게 연출할 수 있는 방법이 있다면?

A. 좁은 공간에 파티션을 세우면 답답할 것이라고 생각한다. 답답해 보이는 것을 염려한다면 집의 구조나 이사하면서 갖고 오는 짐을 확인한 후, 필요에 따라 낮은 파티션 혹은 높게 하더라도 중간에 창을 내어 시선이 통과되도록 하는 등의 방법을 생각하면 된다. 벽이 하나 생기면 앞뒤로 가구를 놓을 수 있는 장점이 있다. + 옐로우 플라스틱 이고운 실장

홈 드레싱 하고 싶다구요?

홈 드레싱이란 말 그대로 집이 옷을 입는 것이다. 전체 개조공사가 아닌 부분 개조나 스타일링 또는 인테리어 컨설팅을 통한 컨셉 잡기 정도로 이해하면 쉽다.

예를 들면, 새로 이사 갈 집에 몇 년 전 유행한 격자 들어간 새시만 없으면 좋겠다거나 다른 공간은 다 좋으니 그대로 두고 벽만 페인팅을 하고 싶다는 경우, 또는 조명을 교체하고 가구와 패브릭 선택만 맡기는 경우 등이 이에 해당된다. 이러한 경향은 조금 알뜰하게 인테리어를 하고자 함이 그 이유. 솔직히 개인적으로는 좋은 현상이라고 생각된다. 공사 현장에 가면 멀쩡한 새 마루를 색상이 마음에 안 든다는 이유로 모두 뜯어내는 사례가 많은데, 정말 국가적인 낭비가 아닐 수 없다.

완성도를 높이기 위한 노하우

인테리어는 쉬운 일이 아니고, 미경험자는 시행착오도 수없이 겪게 된다. 그런 시행착오로 생기는 경제적 손실이 크다는 것은 두말할 필요가 없다. 그렇기에 홈 드레싱 하기 전 컨설팅을 받는 것은 초보자들에게 많은 도움이 된다. 전문가의 도움을 조금만 받는다면 기존 가구나 패브릭 등을 활용해 어느 정도 스타일 정리가 가능하다.

인테리어 공사에 대한 시행착오를 줄여 주는 조언 한 가지! 바로 새로 나온 스타일리시한 인테리어 자재와 가구 소품 등의 정보를 미리 알고 홈 드레싱을 시작하는 것이다. 대개 '인테리어 스타일리스트'라고 하면 죄다 버리고 뜯고, 새로운 뭔가로 큰 돈 들여 집을 고친다고 오해하는 경우가 종종 있다. 물론 그런 컨셉도 있을 수 있겠지만 호텔이나 갤러리 등이라면 모를까 집은 말 그대로 사람이 살아야 하는 곳이다. 따라서 이러한 측면에서 볼 때 개조공사도 좋지만, 홈 드레싱으로 생활의 편리함까지 얻게 된다면 일석이조가 아닐까?

직접 해 볼 수 있는 셀프 홈 드레싱 TIP

가장 쉬운 월 데코 방법은 역시 벽지 바꾸기. 그러나 혼자 하기에 도배가 조금 번거롭다면 풀 바른 벽지로 부분 포인트 벽을 만들어 주는 것은 어떨까. 그래픽 데코 스티커를 활용하면 더욱 간편하게 변화를 줄 수 있다. 나무 패널 또는 공기 정화용 파벽돌을 붙이거나 친환경 페인트를 칠하는 것도 좋은 아이디어. 특히 페인팅은 옷을 갈아입듯 자주 변화를 줄 수 있어 홈 드

레싱에 아주 효과적이다.

패브릭 커버링은 침구류를 바꾸거나 블라인드를 커튼으로 교체해 준다. 자연무늬가 프린팅 된 패브릭으로 간단한 쿠션이나 식탁보 등을 만들어 보는 것도 도움이 된다.

가구의 경우, 거실 소파를 바꾸는 것이 부담스럽다면 편안한 1인용 이지체어를 구입해 스타일링 하는 것도 좋은 방법이다. 식탁은 의자를 교체하거나 기존 식탁보다 사이즈를 한 단계 정도 업(Up)시켜 주는 것도 아이디어가 된다. 데커레이션으로 큰 그림 또는 포스터를 걸어주거나 액자를 바닥에 겹쳐 세워도 집 안 분위기는 확연히 달라질 수 있다.

조명은 전구색 조명이나 플로어 스탠드 사용을 권한다. 혹 천장에 새로운 전등을 설치하는 것이 여의치 않다면 트랙등(전기레일)을 사용하는 것도 방법이다.

가드닝을 할 때는 다육식물을 추천한다. 선인장류라 관리도 쉽고 종류가 다양해 인테리어 효과도 크다. 거실이나 현관에 키가 큰 알로카시아, 뱅갈고무나무, 해피트리, 떡갈나무 등을 배치하는 것도 효과적이다.

홈 드레싱에서 가장 중요한 것은 전체적인 조화다. 매장에 디스플레이 된 멋진 가구라도 우리 집에 어울리지 않으면 아무런 소용이 없다. 또한 아무리 예쁜 벽지라도 다른 가구나 소품들과 스타일이 맞지 않다면 오히려 인테리어 균형을 잃게 된다. 머리부터 발끝까지 의상이 조화되듯 현관부터 집 전체가 같은 느낌으로 물 흐르듯, 부담스럽지 않은 코드를 맞추는 것이 포인트다.

전문가에게 의뢰하는 홈 드레싱 TIP

마지막으로 셀프 홈 드레싱이 아닌 경우라면, 스타일리스트에게 의뢰하기 전 본인이 원하는
스타일을 스크랩 해두고, 기존 사용하던 가구와 새로 살 가구를 정리해야 한다. 추가로 집의
도면과 사진을 첨부하면 더욱 좋다. 가장 중요한 비용은 그야말로 천차만별, 말 그대로 하기
나름이다. 우리 집에 적절한 예산을 결정한 뒤 예산에 맞춘 홈 드레싱을 위해 전문가가 필요
한 것이다. 일반적으로 99㎡(30평)대 기준 인테리어 공사가 끝난 뒤 가구나 패브릭 등 소품
비용은 700만~1,000만원 정도. 공사 없이 홈 드레싱만 하는 경우도 1,000만~1,500만
원 선인데, 이 또한 고르는 가구 가격에서 차이가 많이 난다.

날마다 예쁜 옷으로 갈아입 듯 우리 집도 홈 드레싱으로 옷을 입혀보자. 편안하고 스타일리시
한 공간이 삶에 활력을 불어 넣어 줄 것이다.

+ 글 인테리어 스타일리스트 유미영 **+ 사진** 마르멜로 디자인 컴퍼니

감각적인 가구와 소품 숍

+ Wellz 지하 1층, 지상 5층 규모의 총 1,650㎡에 이르는 넓은 전시장에는 가구부터 조명 및 소품, 카펫에 이르기까지 다양한 디자인 제품들로 가득하다. 이태리 가구 브랜드 에드라, 보날도, 나니 마르퀴나 등 세계적인 브랜드 제품을 컬렉팅해 선보이는 편집숍이다. **+ 주소** 서울 시 강남구 청담동 31-28 / 02-511-7911 www.wellz.co.kr **오픈 시간** 10AM~7PM(주말 포함)

+ 선혁구디 스페인, 이탈리아, 홍콩 등에서 수입한 이색적인 소품들은 스타일과 가격대가 다 양하다. 침구 세트, 커트러리, 수납함 등 46년 전통의 스페인 브랜드 베카라에서 직접 수입한 소품을 만나볼 수 있다. **+ 주소** 서울시 강남구 청담동 118-17 네이처포엠 218호 / 02-3443-3708 www.sunhyukgoody.co.kr **오픈 시간** 10AM~7PM(월~토)

+ A.mono 온라인 숍으로 유명한 에이모노에는 액자, 조명, 패브릭까지 다양한 상품들이 즐 비하다. 램프와 프레임 액자에 이어 침구류와 소파는 아기자기한 감성이 물씬난다. 자체 제작 싱품은 물론 미국의 빈티지 아트 포스터 등 캐주얼하면서도 위트 있는 세품들이 특히 인기를

끌고 있다. **+ 주소** 서울시 강남구 신사동 523-33 덕호빌딩 1층 / 02-545-0805 www.amono.co.kr **오픈 시간** 12AM~8PM(월~금), 1PM~8PM(토), 런치타임 2PM~3PM

+ Dodeka 모던한 스타일의 가구와 조명 등 리빙 가구류와 패션 아이템 및 리빙 소품 등을 소개하는 라이프스타일 컨셉 스토어다. 획기적인 디자인의 아이템을 두루 둘러볼 수 있으며, 갤러리와 카페, CD 컬렉션과 아트북 코너가 따로 있어 지루할 틈이 없다. **+ 주소** 서울시 강남구 청담동 128-22 JY빌딩 / 02-3445-0388 www.dodekaseoul.com **오픈 시간** 11AM~8:30PM(월~토), 12PM~6PM(일)

+ Design Watts 디자인와츠는 북유럽과 일본풍 디자인의 가구를 국내에서 제작·판매한다. 주문제작으로 소비자가 원하는 색상과 디자인의 변경이 가능해 나만의 가구를 찾는 이들에게 호응이 좋다. '가리모쿠60'과 같은 일부 수입가구와 빈티지 가구도 함께 취급하고 있다. **+ 주소** 경기도 과천시 주암동 434-3 2층 / 02-547-6360 http://cafe.naver.com/designwatts **오픈 시간** 10AM~7PM(월~토)

+ Duomo 모로소(Moroso), 뽀로(Porro) 등의 세계적인 디자인 가구와 아르테미데(Artemide), 바로비에르&토소(Barovier&Toso) 등 이탈리아 브랜드 조명 등을 전시하고 판매하는 토털 라이프스타일 스토어 두오모. 타일과 욕조, 수전 등이 전시된 1층에서 아름다운 욕실을 꾸밀 팁을 얻어보자. **+ 주소** 서울시 강남구 논현동 33-17 태양빌딩 / 02-516-3022 www.duomokorea.com **오픈 시간** 8AM~7PM(월~토)

+ Biesse 절제된 오브제를 사용해 가구의 장점과 특성을 최대한 살리는 컨셉으로 꾸며진 쇼룸이 자랑거리다. 가구, 조명, 패브릭, 카펫, 악세사리 등의 모던한 제품에 품위 있는 패브릭을 가미해 세미 클래식의 조화를 배울 수 있다. Arketipo, Besana 등의 모던한 라인과 Morelato 등의 클래식한 라인, 유럽의 브랜드 소품을 만날 수 있다. **+ 주소** 서울시 강남구 논현동 8-13 평강빌딩 1층 / 02-547-4314 http://blog.naver.com/b_gallery **오픈 시간** 9AM~7PM(월~토)

+ Versace Home 패션 브랜드 베르사체의 홈 컬렉션을 선보이는 쇼룸. 가구뿐 아니라 프레떼(Frette), 소마(Soma), 파라디스 등의 유명 침구 브랜드도 함께 구비되어 있다. 귀족적이고 강렬한 멋을 풍기는 베르사체 홈 제품들은 특유의 화려함으로 시선을 빼앗는다. **+ 주소** 서울시 서초구 양재동 81-14 린 빌딩 / 02-574-9497 www.versacehome.co.kr **오픈 시간** 9AM~7PM(월~토)

+ Market M 내추럴한 멋이 살아 있는 원목 소재 가구와 인테리어 용품 등을 만날 수 있다. 물푸레나무의 결을 느낄 수 있는 가구가 인기가 좋으며, 인더스트리얼 스타일의 소품과의 매치를 통해 심플한 분위기를 더할 수 있다. 그 외에도 문구류, 가든용품을 취급한다. **+ 주소** 서울시 종로구 통인동 118-10 / 02-733-4769 www.market-m.co.kr **오픈 시간** 12:30PM~9PM(월~금), ~7PM(주말)

+ Mobel Lab 덴마크, 스웨덴 등 국가에서 제작된 빈티지 생활 가구와 디자이너 컬렉션의 다양한 제품군을 동시에 만날 수 있는 주택 형태의 쇼룸. 판율, 한스 베그너, 아르네 야콥슨 등 디자이너 컬렉션을 둘러보며 스칸디나비아 가구의 매력에 빠져보자. **+ 주소** 서울시 성북구 성북동 19 / 02-3676-1000 www.mobellab.com **오픈 시간** 10AM~6PM(월~토), 11AM~6PM(일 · 공휴일)

+ Indetail 가리모쿠(Karimoku), 비전60 등 모던 레트로 스타일의 일본 가구를 비롯해 인테리어 전반에 걸친 가구를 제작 판매하는 토털 인테리어 매장이다.

침실, 거실, 주방 등 공간별로 어울리는 아트프린트 포스터를 액자로 전시해 놓아 감각적인 데코 팁을 얻을 수 있다. **+ 주소** 서울시 서초구 잠원동 41-11 삼덕빌딩 / 02-542-0244 www. indetail.co.kr **오픈 시간** 10AM~7PM(월~금), ~6PM(토)

+ Casamia 가구부터 주방과 욕실의 생활 소품 및 카펫, 러그 등의 패브릭 제품 등 생활 전반에 걸친 아이템을 하나의 매장에서 모두 둘러볼 수 있는 멀티플레이스 쇼룸이다. 조화와 화기 등을 선보이는 시아와 오피스 라인인 우피아에 최근에는 키즈 코너와 자전거 및 서적 코너도 신설됐다. **+ 주소** 서울시 강남구 신사동 528 / 02-516-9408 www.casamia.co.k **오픈 시간** 10:30AM~8PM(매주 셋째주 월요일 휴무)

직접 보고 고를 수 있는 자재 숍

Bath

+ Daelim Bath 대림B&CO의 전 제품을 전시하며 '그린에코존'을 통해 친환경 절수기술, 첨단 수세 시스템 등의 기술력을 경험해 볼 수 있다. 욕실 토탈 플래닝&케어 서비스인 '바스플랜'의 9가지 스타일로 소비자의 취향에 맞는 디자인을 상담해 준다. 이밖에 독일, 이태리 등의 수입 브랜드를 만나볼 수 있다. **+ 주소** 서울시 강남구 논현1동 51-3 JAY빌딩 / 02-3429-1400 www.daelimbath.com **오픈 시간** 주중 9AM~6PM

+ American Standard 아메리칸스탠다드의 새로운 리뉴얼 '바스하우스(Bathaus)' 쇼룸. 독일 디자인 그룹 아테팩트의 아킴폴&토마스 피에글, 영국의 제스퍼 모리슨, 태국의 쿰퉁 잔수완 등 세계적 디자이너의 욕실 컬렉션 제품과 새롭게 론칭한 일본의 이낙스(INAX) 제품도 만나볼 수 있다. **+ 주소** 서울 강남구 삼성동 110-1 아메리칸스탠다드 빌딩 2~3층 / 02-3485-0699 www.americanstandard.co.kr **오픈 시간** 주중 9AM~6PM

+ Saturn Bath 새턴바스의 쇼룸으로 세면대와 욕조 등 다양한 욕조 제품이 전시된다. 카림
라시드가 디자인한 TV욕조와 신소재 새턴라이트로 만든 제품도 만나볼 수 있다. **+ 주소** 서울시
강남구 논현동 128-12 바스 타워 / 02-3416-1442 www.saturn.co.kr **오픈 시간** 주중 8:30AM~6PM

+ Inus 프랑스 설치 미술작가 Elodie Domand De Rouvile가 디자인한 아이에스동서의 쇼
룸으로 위생도기 · 타일 · 수전 등을 전시하며 각 제품들을 직접 시연해 볼 수 있다. 최근에는
아이들을 위한 욕실공간 키누스(KID INUS)도 새롭게 선보였다. **+ 주소** 서울 강남구 청담동 53-8 은성
빌딩 9, 10, 14층 / 02-512-8362 www.inushaus.com **오픈 시간** 주중 9AM~6PM

+ Kohler 미국의 명품 욕실 브랜드 '콜러'의 쇼룸으로 국내 최초로 선보인 비데 일체형 도기
'누미'와 세면대 '라데나', 수도꼭지 '퓨리스트' 시리즈 등을 선보인다. **+ 주소** 서울시 서초구 서초
동 1490-48 봉성빌딩 1층 / 02-522-3891 **오픈 시간** 주중 8:30AM~6:30PM, 토요일 8:30AM~5:30PM, 일요
일 휴무

Lighting

+ Solo 앤티크 조명 · 레이스 데커레이션 조명 전문 쇼룸으로 세계 각국의 조명 브랜드를 한
눈에 볼 수 있다. **+ 주소** 서울시 강남구 논현동 87-5 / 02-515-6927 www.sololigting.co.kr **오픈 시간** 주중
9AM~8PM, 일요일 휴무

+ Osram 안산 공장 조명교육센터 내 마련된 오스람 쇼룸에서는 할로겐 램프 · 형광램프 · 방
전램프 등의 전통 조명 제품과 LED · OLED 등 신기술 제품을 전시하며, 조명 교육 커리큘럼
과 생산라인 견학 등을 제공한다. **+ 주소** 경기도 안산시 단원구 신길동 1050-3 / 031-489-1710
www.osram.co.kr 예약 후 관람 가능

+ Litework 필립스 · 이구찌니 · 앨범 등의 명품 조명 브랜드 제품과 세계적인 조명 디자이너
잉고 마우러의 감각적인 조명 라인을 만나볼 수 있다. **+ 주소** 서울시 강남구 논현동 81-1 / 02-547-3502
오픈 시간 주중 9AM~7PM, 토요일 9AM~4PM, 일요일 휴무

Kitchen

+ Nefs '드림 키친 플렉스'를 컨셉으로 세계 명품 주방가구와 문화공간을 한 곳에 접목한 넵스의 쇼룸이다. 넵스 프라임 제품과 이탈리아 톤첼리 · 세자르, 독일의 에거스만 등 국내외 4개 브랜드의 다양한 제품군을 만날 수 있다. **+ 주소** 서울시 강남구 삼성동 38-24 / 1566-2300 www.nefs.co.kr **오픈 시간** 주중 9AM~6PM, 토요일 10AM~ 6PM 일요일 · 공휴일 휴무

+ SK D&D 독일 주방가구 라이히트와 인터립게, 2011년 새롭게 론칭한 노빌리아(Nobilia)를 선보이는 SK D&D의 쇼룸. 유럽 품질 기준 테스트를 통과한 100여개의 도어 마감, 90여개의 손잡이, 24가지의 주방장 등을 만나볼 수 있다. **+ 주소** 서울 강남구 논현동 56-15 / 02-2156-4700 www.nobilia.de **오픈 시간** 주중 9AM~7PM, 토요일 10AM~6PM, 일요일 · 공휴일 휴무

+ Hanssem Flag Shop 주방가구를 비롯한 붙박이장 · 현관장 · 시스템욕실 · 마루 등 인테리어 리모델링 공사의 필수 아이템을 전시한다. 전문 디자이너가 상주해 인테리어 컨설팅을 무료로 받아볼 수 있으며, 쿠킹클래스나 테이블 세팅 강좌도 열린다. **+ 주소** 서울시 강남구 논현동 126번지 한샘인테리어 6층 / 02-542-8558 www.hanssemflagshop.com **오픈 시간** 주중 10AM~8PM

Construction Materials

+ Z-in Window plus 동종 업계 최초의 매장형 창호전문점인 LG 지인 윈도우플러스 매장은 창호 구매를 원하는 고객을 위해 전시부터 상담 · 견적 · 시공 · A/S 까지 모든 것을 한곳에서 해결한다. 매장 내 창호 컨설턴트로부터 맞춤 설계를 받아 볼 수 있고, 특히 시공 납기를 단축시킨 1-day 시공은 고객의 불편을 최소화한 특화 전략이다. **+ 주소** 서울 송파구 잠실동 222 서일빌딩 1층 / 02-404-8877 www.z-in.co.kr **오픈 시간** 주중 9AM~6PM, 토요일 10AM~4PM, 일요일 휴무

+ HomeCC 목재 · 천장재 · 외장재 · 페인트 · DIY용품 · 인테리어 소품 · 패브릭 등 총 3만여 제품을 판매하며, 가구제작과 원예, 실내 정원 등을 배울 수 있는 DIY 강좌도 열린다. 1층에는 전문가들을 위한 매장으로 구성해 구조재 · 천장재 · 보온재 · 방수재 · 배관설비용품 등을 판매한다. 구매한 목재를 바로 재단해 가는 목재 절단 기계까지 구비되어 있다. **+ 주소** 인천시 서구 원창동 379-1 / 032-570-7000 www.homecc.co.kr **오픈 시간** 주중 9AM~8PM, 월요일 휴무

+ Khanstone 한화 L&C에서 선보이는 인테리어 스톤인 '칸스톤'의 전문 전시장. 주방 · 거실 · 욕실 등의 생활공간을 테마별로 연출해 세련된 견본 인테리어를 선보인다. 특히 싱크대 · 아일랜드 주방 · 식탁 · 아트월 · 욕실벽면 등에 칸스톤을 적용한 인테리어 가구도 직접 보고 체험해 볼 수 있도록 했다. 주방상판교체 프로그램인 상담도 진행한다. **+ 주소** 서울 강남구 역삼동 719–6번지 태왕빌딩 1층 / 02-508-4466 www.hlcc.co.kr **오픈 시간** 주중 9AM~7PM, 일요일 · 공휴일 휴무

Free Market

+ 이태원 앤티크 가구거리 앤티크 가구상점이 모여 있는 곳으로 외국에서 수입해 온 제품들이 대부분이다. 앤티크 · 빈티지 가구 · 소파 · 시계 · 도기세트까지 세계 곳곳의 이국적인 제품들을 만나볼 수 있다. **+** 지하철 6호선 이태원역 3번 출구

+ 황학동 벼룩시장 황학동 벼룩시장은 그 역사만큼 5백여 개 이상의 매장이 즐비해 있다. 특히 아기자기한 소품을 싸게 구입하려는 이들의 발길이 줄을 잇는다. **+** 지하철 1호선 or 6호선 동묘앞 3번 출구

+ 청계천 서울풍물시장 앤티크, 중고물품의 메카로 불리는 곳. 외국제품 뿐만 아니라 국내 고가구와 중고제품들도 많다. 청계천 시장 주변으로 자리한 만물상과 같은 다양한 공구점포들은 이곳의 숨은 보석 같은 곳이기도 하다. **+** 지하철 1호선 or 2호선 신설동역 6번 출구

+ 방산시장 지하철 입구부터 다양한 자재 상점들이 펼쳐지는 곳으로 일제시대에 형성돼 이어져온 역사 깊은 곳이다. 약 3천개 업체가 상주해 있으며 벽지 · 지류 · 인쇄 · 포장자재 · 페인트 · 조명 등의 다양한 제품들을 직매장보다 10~20% 싼 가격에 만나볼 수 있다. **+** 지하철 2호선 or 5호선 을지로 4가 6번 출구

트렌드 한눈에 읽는 온라인 스토어

Kitchen

+ www.esecretgarden.com 시크릿가든앤코는 다양한 생활용품을 수입 판매하는 온라인 숍이다. 로맨틱한 테이블웨어를 비롯해 감각적인 주방제품들이 준비되어 있다. 여기에 합리적인 가격까지 더해지니 매력적이다 못해 고맙기까지 하다.

+ www.zubang.co.kr 이름에서 알 수 있듯, 주방에서 사용하는 제품들을 판매하는 주방. 북유럽 특유의 소박하고 따뜻한 리빙소품을 수입해 소개한다. 아라비아핀란드, 이딸라, 호가나스, 페르고라 등 북유럽 브랜드 제품을 구입할 수 있다.

+ www.nordicpark.co.kr 국내에도 잘 알려진 북유럽 식기 브랜드를 판매하고 있는 노르딕파크. 신상품에서 빈티지 제품까지 많은 물량을 갖추고 있다. 서울 마포구에 위치한 오프라인 매장에서는 소장가치 높은 한정제품도 만나볼 수 있다.

+ www.hosino.co.kr 아기자기한 소품으로 가득한 호시노앤쿠키스. 입맛 돋우는 예쁜 그릇과 소품들을 구경하는 재미가 쏠쏠하다. 여러 가지 종류의 티(Tea)도 준비되어 있으며, 2년 전 경기도 용인에 작은 오프라인 숍까지 마련했다.

Furniture

+ www.chairgallery.co.kr 체어갤러리는 Kartell, vitra 등 다양한 브랜드 의자와 스툴을 선보이는 온라인스토어다. 국내에서 만나보기 힘든 세계적인 디자인 체어가 주를 이루고 있으며 테이블, 조명기구 등과 함께 자체 제작품들도 소개한다.

+ www.remod.co.kr 리모드는 일본 가리모쿠60의 국내 공식판매처로, 서울 삼성동에 오프라인 매장을 두고 있다. 일본에서 직수입하는 레트로풍의 가구, 국내 맞춤 제작 가구 등 만족할만한 가격대의 고품질 가구를 판매한다.

+ www.byheydey.com 바이헤이데이는 물푸레나무를 사용해 제작하는 생활 가구 숍이다. 테이블과 서랍장, 탁자 등 실용적이고 심플한 가구가 주를 이루며, 나무를 서로 짜 맞추어 제작하는 방식으로 견고하고 내구성이 높은 것이 특징이다.

+ www.millord.com 방배동에 쇼룸이 있는 가구스튜디오 밀로드. 디자이너 유정민의 노력

icietla

pisbiwidu

vintagebros

zubang

hpix

secretgarden&co.

space2place

이 고스란히 담긴 멋스러운 가구들로 채워져 있다. 기본적인 오리지널 가구 외에 대부분의 가구들은 주문 제작을 통해 이뤄진다.

+ www.biomedesign.co.kr 덴마크의 장인정신과 기능성을 반영한 가구 컬렉션을 수입하는 바이옴. 생태환경을 뜻하는 이름으로 환경과 소재를 중요시하며, 디자인적 가치를 느낄 수 있는 가구를 선보인다. 경기도 용인에 오프라인 매장이 있다.

Fabric

+ www.space2place.co.kr space2place는 두 명의 디자이너가 모여 만든 온라인 패브릭 숍이다. 미드 센추리 모던풍의 쿠션커버와 스칸디나비아풍의 침구 등이 판매되고 있으며, 세련되지만 어딘가 향수 어린, 사소하지만 흔하지 않은 디자인이 눈길을 끈다.

+ www.pisbiwidu.com 피스비위듀는 에이치픽스의 자매 브랜드로, 코튼과 리넨을 소재로 심플하고 오래 사용할 수 있는 침구와 베개, 쿠션 등을 구입할 수 있다. 분위기 있는 침실을 연출하고 싶다면 꼭 한번 들리길 권한다.

+ www.kittybunnypony.com 키티버니포니는 실생활에 어우러지는 다양한 패브릭 제품을 제작하는 패브릭 전문 브랜드다. 모든 제품은 100% 국내공정으로 이뤄지고, 국내외 디자이너들의 콜라보레이션으로 제작한 독특한 제품들도 선보이고 있다.

chairgallery

oldiebutgoodie

kittybunnypony

MoMAonlinestore

GU

byhejey

remod

+ **www.skog.co.kr** 노르웨이어로 '숲'이라는 의미의 SKOG는 유니크한 감성과 실용성이란 디자인의 본질에 대해 끊임없이 연구하는 두 명의 디자이너가 만들어 가는 리빙·패브릭 브랜드다. 위트 있는 프린팅이 가미된 아이템을 보다보면 기분이 좋아진다.

Total interior

+ **www.hpix.co.kr** 디자인 셀렉션샵 에이치픽스. 컨템포러리 디자인 그룹 QUBUS, 주목받는 여성디자이너 Kiki Van Eijk와 창의적인 니트 디자이너 Donna Wilson 등이 선보이는 신선하고 유니크한 제품들을 한자리에서 만나볼 수 있다.

+ **www.icietla.co.kr** 이씨엘라(ici et la)는 '여기저기'라는 뜻을 지닌 프랑스어로, 유럽의 모던하고 재미있는 리빙 제품을 선별해 소개하는 편집매장이다. 현재 서울 반포동에 오프라인 매장이 있으며, 온라인에서 소개하지 못한 더 많은 제품이 기다리고 있다.

+ **www.momaonlinestore.co.kr** 모마온라인스토어는 가구, 조명 등 다양한 제품들을 뉴욕현대미술관(MoMA)과 독점계약을 맺고 국내에 소개한다. Frank Lloyd Wright를 비롯한 현대 디자인의 1세대부터 Sandy Chilewich 등 신진 디자이너의 작품까지 구입가능하다.

+ **www.rooming.co.kr** 'room'에 진행형인 '-ing'를 붙임으로 해서 공간은 계속 변화되고 바뀔 수 있다는 것을 의미하는 루밍. 해외 유명 디자이너의 가구 및 조명, 소품을 판매하는

디자인 셀렉트 숍으로, 각종 리미티드 아이템도 소장하고 있다.

+ www.pylones.kr 클릭하는 순간부터 비비드 컬러의 소품과 위트 있는 캐릭터 제품 덕분에 눈이 즐거워지는 사이트 필론. 디자이너의 이름을 내건 키친웨어부터 키즈소품까지, 실생활에 필요한 모든 제품을 프랑스 브랜드다운 감각으로 풀어냈다.

Vintage

+ www.vintagebros.com 영국의 빈티지 가구와 소품들을 직수입해 소개하는 빈티지브로스. 무거운 분위기의 아이템보다는 컬러매치가 돋보이는 가볍고 경쾌한 디자인 제품들이 주를 이룬다. 손때묻은 오래된 라디오와 타자기는 옛 추억을 떠올리기 충분하다.

+ www.oldiebutgoodie.co.kr 사이트에 들어가는 순간, 제일 먼저 정겨운 리듬의 음악 선율이 들려온다. '오래된 것이 좋다'는 의미의 올디벗구디에는 매력적인 빈티지 아이템들이 잘 정리되어 있다. 특히 주방코너에는 마니아층이 혹할 만한 제품들이 많다.

+ www.guvintageshop.com 필라델피아에서 리테일 숍을 운영하던 부부가 고국에 돌아와 그간의 노하우와 열정을 담아 오픈한 GU. 아메리칸 오리지널 빈티지 제품을 주로 취급하며, 앤티크한 가구들과 액세서리들은 오래된 카페에 와있는 듯한 착각이 들게 한다.

+ www.artncraft.kr 오리지널 빈티지 제품을 판매하는 아트앤크래프트. 가구와 조명, 오브제 그리고 미술작품과 우수한 빈티지 제품을 선별해 소개한다. 빈티지 물건뿐 만아니라 디자인 선별을 통해 생산된 Reproduction 제품도 취급하고 있다.

ITEM

ITEM 01
내 서재가 빛나는 순간

Natural Style

나무질감이 그대로 살아나는 내추럴한 서재에는 시간이 멈춰버린 듯 고요함과 안
정감이 있다. 차분한 베이지나 연한 브라운 계열의 우드 색상은 서재를 꾸밀 때 가
장 많이 선택되는 컬러. 여기에 서재와 잘 어울리는 그림 액자를 걸면 눈길이 머물
수 있는 좀 더 편안한 장소로 만들 수 있다.

+ 정교한 나무 프레임이 돋보이는 Secto Design의 펜던트 조명과
  스탠드 Secto 4203, 4220. **innometsa**

+ 디자이너 Pascal Tarabay의 Pill 시계. 나무와 초록색 시침이
  잘 매치되었다. **wellz**

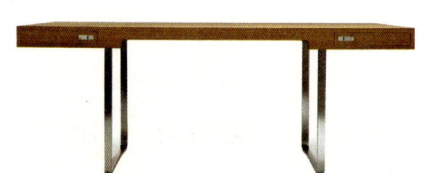

+ Carl Hansen & Son의 테이블. 스틸과 우드가 조화롭게 어우
  러졌다. **A.HUS**

+ Hans J. Wegner 작품 가운데 베스트셀러인 CH24 Ychair.
  페이퍼코드로 만들어진 좌면은 착석감이 훌륭하다. **A.HUS**

Modern Style

집에서 작업하는 이들에게는 무엇보다 기능성을 강조한 실용적인 서재가 필요하다. 독서와 휴식을 위한 공간이기보다는 생동감이 넘치는 공간. 다양한 컬러를 주기보다는 같은 계열의 한두 가지 컬러로 포인트만 주도록 한다.

+ 좌 : KAISER IDELL 6631 조명. Fritz Hansen 디자인으로, 심플함이 돋보인다. A.HUS 우 : Cage Rocket 테이블 램프. 매달 수도 있고, 플로어에 설치하는 것도 가능하다. wellz

+ 연도에 상관없이 매년 사용할 수 있도록 디자인된 Large Perpetual Calendar. 자석을 이동시켜 월과 일을 표시한다. MoMA

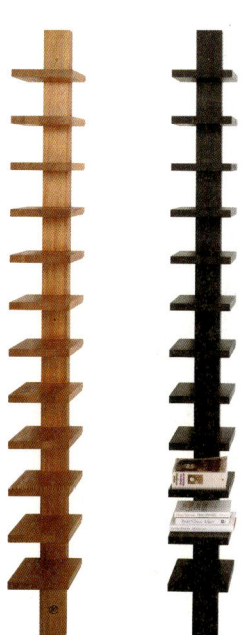

+ 스웨덴 건축가 John Kandell의 수납 아이템 Pilaster. innen

+ Eames Molded Plastic Chair. 재활용 가능한 폴리프로플렌 시트와 단단한 단풍나무 등으로 구성되어 있다. MoMA

+ Herman Miller의 Ivolve Table. INNOVAD

Retro Style

본연의 기능에 충실한 서재는 대개 심플한 디자인과 실용성을 강조한 가구로 꾸미기 때문에, 조금 밋밋하거나 딱딱한 분위기를 줄 수 있다. 위트 넘치는 디자인의 소품이나 컬러풀한 가구를 활용해 공간에 재미를 더해보자. 볼수록 미소 짓게 되는 유쾌한 서재는 책 읽는 시간을 더욱 즐겁게 만들어준다.

+ 좌 : 꾸미지 않은 단순한 모양이지만 컬러로 포인트를 주어 독특함을 살린 펜던트 조명 E27. 우 : Verner Panton의 FlowerPot Table VP4. 모두 innometsa

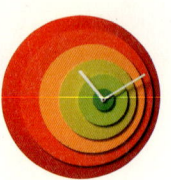

+ Alberto Sala가 디자인한 Target Wall Clock. 생동감 있는 여섯 개 원판의 조화가 특징이다. MoMA

+ James The Bookend. 스테인리스 스틸이 붙어 있어, 많은 양의 책이 있어도 밀리지 않는 데스크 용품이다. MoMA

+ 화려한 색감이 공간을 더욱 밝게 해주는 마리메꼬 쿠션. studio IH

+ Taf architects의 adaptable 테이블. innometsa

+ 자연으로부터 영감을 받아 탄생한 Vegetal Chair. MoMA

패브릭 인테리어 아이템

KNIT

따뜻한 소재로 인테리어를 연출하면 실내 온도를 높여 난방비를 줄이는 효과가 있다고 한다. 그런 의미에서 니트 소재의 아이템만큼 요긴한 것도 없다. 무엇보다 이불 위 한 겹 더한 니트 블랭킷은 차가운 공기를 차단해 이불 속 온기를 지켜주니, 화사한 컬러나 화려한 패턴의 블랭킷으로 스타일 살아나는 침실을 연출할 수 있다.

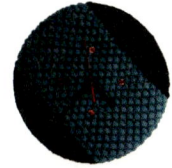

+ Melanie Porter가 디자인한 Pinn 버블 니트 시계. **designpilot**

+ Donna Wilson과 SCP가 콜라보레이션한 헨리푸페(Henry Pouffe) 시리즈. **hpix**

+ 구름 형상의 쿠션으로, 장식용으로도 손색없다. 블루, 핑크, 그레이 3가지. **hpix**

+ 위, 아래 와이어가 들어가 있어 원하는 모양대로 만들 수 있는 바스켓. **designpilot**

+ 스페인 디자이너 Patricia Urquiola의 니트로 제작된 라운지 체어. **duomo**

+ 램스울 100%에 빛나는 핸드메이드 뜨개인형 Roise. Donna Wilson 작품 **hpix**

WOOL FELT

단순한 작업만으로 패턴을 연출할 수 있고, 바느질 또한 간편한 펠트. 재단과 가공, 컬러 조합이 손쉬워 인테리어 소품은 물론 가구 커버링까지 다양한 용도로 활용한다. 특히 펠트를 양모 소재와 함께 가구, 러그 등의 포인트 아이템으로 활용하면 어느새 집 안 공기는 따뜻해진다.

+ 인도의 전통문양을 현대적인 감각으로 재해석해 표현한 강렬한 색감의 러그. wellz

+ 디자이너 Ron Arad가 픽셀에서 영감을 얻어 디자인한 러그 Do-Lo-Rez. wellz

+ 합성소재로 형태를 만들고 펠트를 압착해 만든 Restore Storing Basket. innometsa

+ 아무런 재봉질 없이 오로지 펠트만 구부려 만든 의자 Peacock. milano design village

+ Gerrit Thomas Rietveld가 디자인한 Utrecht 소파. milano design village

+ 의자 커버교체가 자유로운 Marcel Wanders의 V.I.P Chair. wellz

FUR QUILT

시각, 촉각적으로 따뜻함을 전하는 퍼는 겨울에 잘 어울리는 소재다. 러그를 깔고 쿠션을 놓는 것만으로도 실내 분위기는 한결 온화해진다. 고급스러운 분위기까지 연출해 줌으로 이를 적극 활용해 인테리어 감각을 한 단계 업그레이드해보는 것도 좋겠다.

+ 병을 따뜻하게 감싸주는 Dirk Wynants의 Dollypop. 양가죽 (Sheepskin)으로 제작. **duomo**

+ 아이들이 좋아할 법한 귀여운 Rocking Sheep. 디자이너 Povl Kjær 작품. **biomedesign**

+ 높은 등받이 쿠션 덕분에 앉았을 때 편안함을 제공하는 Feltri 암 체어. **milano design village**

+ 램스킨으로 만든 포근한 의자 Icelamb Mariposa. **innometsa**

+ 동그란 마시멜로우를 이어 붙인 듯한 푸신한 인조 퍼(Fur) 쇼재 의 소파 Cipria. **wellz**

+ Ronan & Erwan Bouroulloc 형제가 디자인한 벌집 모양 퀼팅 쇼파. **innen**

ITEM 03
북유럽 스타일 소품들

Light

북유럽은 백야나 북극광 등 극적인 계절 변화를 겪기 때문에 사람들은 빛에 대한 섬세한 감각을 지녔다. 그곳의 조명은 이러한 독특한 자연과 문화에서 출발해 빛과 자연 재료를 적절하게 조화시켜 탄생한다. 빛이 창조하는 신비로운 효과와 분위기는 디자이너들로 하여금 그들만의 조명을 만들어내는 데 깊은 영감을 부여한다.

+ 디자이너 Seppo Koho가 바구니가 놓인 형상을 보고 아이디어를 얻었다는 조명. **Secto Design**

+ Alvar Aalto의 작품으로 꿀벌집을 떠올리게 한다. 화이트 컬러로 페인팅 된 알루미늄 조명. **INNOVAD**

+ 좌 : Ove Rogne 디자인의 위로 향한 전등갓이 포인트가 되는 조명. 우 : 디자이너 Peter Natedal와 Thomas Kalvatn Egset 작품. 모두 **Nothern Lighting**

+ Trond Svendgard와 Ove rogne가 디자인했다. 북유럽 느낌이 물씬 풍기는 사슴(moose) 얼굴의 조명. **Nothern Lighting**

Object

북유럽은 실용성, 미적 가치, 고품질 재료를 기반으로 해 자연과 함께 살아가는 일상적인 디자인을 최고로 친다. 그곳 사람들은 수공예품을 제작해 온 오랜 전통과 새로운 디자인과의 연관성을 당연하게 받아들이며, 그 가치를 존중하는 풍조가 있다. 이것이 북유럽 디자인이 세계적으로 명성을 누리게 된 이유이다.

+ 알바 알토가 디자인한 Vase. 1936년 탄생한 이 제품은 북유럽의 자연을 투영한 듯 유기적 형태를 형상화했다. littala

+ Anu Penttinen의 펭귄모양 장식품과 Giorgio Vigna의 새 형상 유리공예품. littala

+ 도예가 Kati Tuominen-Niittyla는 편안함과 세련됨을 동시에 만족시키는 일상 속 그릇들을 만든다. ARABIA FINLAND

+ 디자이너 Tuuli Autin가 건조한 나무를 직접 자르고 깎고 다듬어 만들었다. Tuulipuu

+ Origo 머그컵은 Alfredo Haberli이 1999년 디자인 시기세트 중 하나로, 패셔너블하면서도 요란하지 않다. littala

Chair

북유럽은 추운 날씨로 인해 실내 활동이 많다. 따라서 다른 지역보다 인테리어가
발달하였고, 가구 산업이 성장할 수밖에 없었다. 아르네 야콥슨(Arne Jacobsen),
한스 베그너(Hans J. Wegner), 베르너 팬톤(Verner Panton) 등 유명 디자이너들
의 의자는 당시 시대 미학을 오롯이 담고 있는 하나의 예술 작품이다.

+ Erik Magnussen 디자인의 Chairik. 알루미늄 팔걸이는 유무
를 결정할 수 있다. **Engelbrechts(by Biome Design)**

+ 북유럽 선구적 가구 브랜드 중 하나인 비베로의 Ellipse. Timo
Ripatti가 디자인한 의자. **Vivero**

+ Ilmari Tapiovaara가 디자인한 Rocking Chair. 그의 작품 중
가장 인기가 높은 Mademoiselle 시리즈. **Tapiovaara**

+ Ben af Schultén의 아기의자. 실용성과 안전성의 중점을 둔 북
유럽 제품만의 특징. **Artek by INNOVAD**

꽃보다 아름다운 꽃병

Object

꽃병은 자고로 꽃을 더욱 아름답게 보여줘야 하지만 꽃 없이도 초라하지 않은 오브제로서의 자신감 또한 갖추어야 한다. 그 자체만으로 충분히 시각적인 만족감을 주고, 어느 곳에서도 자유롭게 활용할 수 있는 꽃병. 흥미로운 디자인까지 담고 있는 꽃병계의 아이콘을 소개한다.

+ 손으로 주조된 옻칠 석기 꽃병. 초록빛 들판 한가운데 꽃이 피듯, 빛나는 초록색 세라믹 안에 꽃을 꽂는다는 의미를 담고 있다.

+ 스펀지에 흙을 머금게 한 뒤 스펀지는 불에 태워 없애고, 그 안에 흡수되었던 흙을 초벌구이 해 만든 꽃병. by Marcel Wanders.

+ 좌 : 브라질 디자이너 Ricardo Saint-Clair의 장난기 가득한 꽃병. 우 : Yuko Tokuda가 디자인 한, 이름 그대로 꽃병의 외형만으로 존재하는 화병이다

+ 세계적인 유리 수공예 회사 베니니(Venini)의 대표 디자이너 Tapio Wirkkala가 디자인한 꽃병. 불기 기법으로 만들었으며, 5개가 한 세트로 서로 다른 색의 유리가 층을 이룬다

+ 모두 MoMa 제품

ITEM 05
공간에 어울리는 조명

Table Lighting

빈 공간이 빛의 여유로움으로 채워진다. 자칫하면 버려두기 쉬운 코지공간을 우리
집에서 가장 분위기 있는 곳으로 조성해보자. 데커레이션의 기능을 강조해 플로어
조명의 밝기를 도와주는 또 하나의 보조 조명으로 삼기 알맞다.

+ 어린 시절 종이, 혹은 판지 등으로 무언가를 만들던 경험들을 컨
셉으로 디자인 된 Paper Lamp. Studio Job이 디자인한 제품.
Ø37×H84(cm) **wellz**

+ Binic은 디자이너 Ionna Vautrin의 출신지인 이태리 브르타뉴
해변의 등대 이름으로, 컬러는 모두 6가지. W14×D14×H20(cm)
wellz

+ Martin Konrad Gloeckle의 감각이 묻어나는 스탠드
Bendino. Ø18.5×H25(cm) **designpilot**

+ 이탈리아 Danese Milano社의 Leti table lamp. Matteo
Ragni가 디자인했다. H32cm **rooming**

Pendant Lighting

마치 보석이나 장신구를 매단 목걸이를 닮았다 해 이름 붙여진 펜던트 조명. 공간
을 입체적이면서도 생동감 있게 해 주는 펜던트 조명의 활약이 눈부시다. 현대적인
디자인으로 한껏 멋을 낸 모습이 공중에 뜬 예술 작품을 보는 듯하다.

+ 디자이너 Tom Dixon의 Etch Pendant Light. 팝아트 작품처
럼 장소에 대한 제약 없이 어디든 디스플레이 할 수 있다. **duomo**

+ 입체적인 표면 디자인이 돋보이는 Diesel with Foscarini의 대
표적인 조명 시리즈 Rock 펜던트 조명. Ø65㎝ **wellz**

+ 69개의 얇은 플라스틱판을 조립하여 형태를 만들어가는 재미있
는 조명 NORM 69. S(42㎝), L(51㎝), XL(60㎝), XXL(78
㎝) **rooming**

+ 여러 개의 러플 장식을 연결해 만든 곡선미 넘치는 Britt
Kornum의 NORM 03. 사이즈는 D53×H32㎝(Small),
D65×H40㎝(Large) **rooming**

+ Bertjan Pot이 디자인한 Random은 합성수지실을 무작위로 엮
어 둥근 형태로 만든 조명이다. Moooi社 제품. Ø50, Ø80,
Ø105㎝) **wellz**

Floor Lighting

비교적 공간이 넓은 곳에서는 작은 데스크 스탠드 보다 높이를 조절할 수 있는 플로어 스탠드가 제격이다. 덩치가 큰 플로어 스탠드는 듬직한 인테리어 소품이 되는 것은 물론, 전체 조명과 부분 조명의 역할을 동시에 한다.

+ 일정하지 않은 구조와 다양한 컬러(화이트, 블랙, 라이트 블루)로 독특한 매력을 발산하는 조명 Cage. 34×182(㎝) wellz

+ 좌 : Arne Jacobsen이 만든 'AJ' 램프의 50주년 기념 컬러 버전. molteni&c 우 : Alexander Taylor가 디자인한 Tank. established & sons 제품. innen

+ Foscarini社의 Fork. 텍스처를 통해 새어나오는 빛은, 마치 텐트 안에서 램프를 켠 듯한 느낌을 준다. wellz

+ 디자이너 Cecilie Manz가 만든 Caravaggio 플로어 조명. 33×151.5(㎝) wellz

ITEM 06
투명한 가구와 소품

Furniture +Object

투명한 가구나 소품은 체감온도를 낮춰주는 효과가 있다. 얼음의 반질반질한 매끄러움을 표현한 유리, 얼음 조각상 느낌의 크리스털, 팝 컬러가 만난 플라스틱 가구는 이 여름에 제격이다.

+ 이탈리아 Kartell社에서 제작한 Bourgie Lamp. 바로크 양식의 외형을 고스란히 재현하고 있다. **Dream Factory**

+ 연결 부위 없이 몸체를 하나로 연결한 혁신적인 디자인이 특징이다. **Chair Gallery**

+ 디자이너 Philippe Starck의 베스트셀러 Louis Ghost Chair. 클래식의 변형이란 새로운 코드를 만든 대표 제품. **제인인터네셔널**

+ 좌 : Mouth blown glass 소재의 화병. **innometsa** 우 : 투과된 빛이 산란되는 투명한 스툴. **Style-K**

ITEM 07
싱그러운 플라워 패턴

Living room

편안하고 아늑한 분위기의 침실에도 꽃밭처럼 화사한 공간 연출이 가능하다. 심플한 스칸디나비안 디자인의 침대에 화려한 원색의 플라워 패턴 침구, 포인트가 될 수 있는 컬러풀한 소품을 믹스 & 매치해 변화를 주도록 한다. 마치 스케치한 듯 회화적인 느낌을 살린 플라워 프린트의 벽지 또한 스타일링 소재가 된다.

+ 조지 넬슨이 디자인한 벽시계 Sunflower Clock. vitra

+ 가볍고 독특한 플라워 패턴이 돋보이는 알람시계. Maki

+ 오리엔탈 스타일의 플라워 침구세트. Bassetti

+ 꽃과 나비가 춤추는 듯한 Marc Pascal의 오키드 조명. dodaka

Kitchen

플라워 패턴의 주방소품이 놓인 테이블에서는 더 향긋한 냄새가 날 것만 같다. 커피 잔에서도 접시에서도 활짝 핀 꽃들이 집 안으로 정원을 들인다. 잘 차려진 음식을 더욱 돋보이게 하는 플라워 패턴의 소품은 맛있는 주방 연출을 위한 필수 요소. 새봄의 산뜻한 느낌을 닮은 아이템들은 기분 전환의 계기가 되어준다.

+ 앤블랙이 디자인한 플라워 블루 프린트 볼. DANSK

+ 패브릭 원단을 프린트 한 철제 틴 박스. Maki

+ 로얄 코펜하겐의 블루 플루티드 시리즈인 컵 & 소서. Royal
  Copenhagen

+ 이국적인 멋이 묻어나는 플라워 패턴의 쟁반과 주방장갑.
  marimekko

+ 물감으로 그림을 그린 듯 아기자기한 스타일의 접시와 찻잔세트.
  marimekko

Bedroom

화려한 컬러의 플라워로 물든 가구와 소품은 겨우내 무거웠던 침실 분위기에 생동감을 선사한다. 어두운 컬러의 소파에 꽃을 모티브로 한 커버로 교체하거나, 파스텔 톤의 플라워 프린팅 스툴이나 작은 테이블을 두는 것도 간단히 변화를 줄 수 있는 방법이다. 예쁜 투명 유리병에 꽃을 담아 장식하면 이보다 더 좋을 순 없다.

+ 나비 모양의 도자기 벽걸이 장식. **dodaka**

+ 블랙 & 화이트가 잘 어우러진 깔끔한 쿠션. **marimekko**

+ 네덜란드 디자이너 Tord Boontje의 감성이 고스란히 반영된 펜던트 조명 Midsummer Shade Light. **MoMA**

+ 백 장이 넘는 가죽 꽃잎을 손으로 이어 붙여 만든 정성 가득한 수제 암체어. **wellz**

+ 5가지의 디자인으로 이루어진 Showtime Vase. **wellz**

동심을 가진 당신을 위한 소품

Decoration

키덜트(Kidult)는 키드(Kid : 아이)와 어덜트(Adult : 어른)의 합성어로, 어른이 되어서도 여전히 어렸을 적의 감성을 그대로 간직한 성인들을 일컫는 말이다. 좋아하는 것이 있다면 당당히 소유할 수 있는 그들을 위한 아기자기한 디자인 숍들이 온·오프라인에서 상당한 인기몰이 중이다.

+ 방문이나 좁은 공간에도 활용 가능한 코트걸이. 2개의 나사로 쉽게 고정할 수 있다.

+ 알록달록한 색감과 귀여운 모양이 보는 이들의 시선을 사로잡는 깜찍한 옷걸이.

+ 나무와 못, 자석으로 만들어진 다용도 거치대. 각종 열쇠나 반지, 명함 등을 깔끔하게 정리할 수 있다.

+ 3개의 수납함이 있는 캐비닛. 눈과 입 모양의 위트 있는 손잡이와 전체적인 형태가 공간에 포인트가 된다.

+ 좌 : 장마철에 기분까지 유쾌하게 만들어 주는 우산. 우 : 치마 부분에 세 가지 크기의 칼날로 즐거운 요리가 가능한 강판.

+ 모두 PYLONES 제품

과감한 컬러 소품

RED

집안을 둘러보면 대부분 화이트, 브라운, 베이지 등 내츄럴 컬러 일색이다. 가구를
살 때도 흰색이나 원목 자체의 컬러가 살아 있는 제품에 가장 먼저 눈길이 끌리는
것이 사실. 하지만 가구 하나쯤은 좀 더 강렬한 컬러를 입혀보는 것도 분위기 전환
에 도움이 된다.

+ 철선 위에 채색된 단풍나무 공이 잘 어우러진 Charles & Ray
  Eames의 옷걸이 Eames Hang-It-All. **MoMA**

+ 주머니에 서류와 연필을, 입에는 메모지를 꽂아둘 수 있는
  Kangaroo Desk Organizer. **MoMA**

+ 최고 1m 가량의 높이에서도 뛰어내리고 도망가고 숨기까지 하는
  기능을 가진 알람시계 클로키(Clocky). **MoMA**

+ 좌 : 인테리어 소품 브랜드인 덜튼(Dulton)社의 철제 5단 캐비닛
  서랍장. **sketchzone** 우 : 디자인 아이콘으로 떠오른 Established
  & Sons의 서랍장. **wellz**

+ Enrico Baleri가 디자인한 Bristol 소파. 레드 컬러의 화사함이
  눈부시다. **wellz**

BLUE

어떤 색을 어떻게 활용하느냐는 전체적인 분위기에 많은 영향을 미친다. 찌는 듯한 더위의 한여름에는 푸른 벽만으로도 충분히 시원한 느낌을 얻을 수 있다. 특히 화이트와 블루 컬러의 매치는 공간을 더욱 상쾌하게 만드는 효과를 낸다.

+ 도나 윌슨(Donna Wilson)의 구름 쿠션 시리즈 중 하나로, 그녀의 톡톡 튀는 감각을 잘 드러낸 쿠션이다. hpix

+ 이탈리아 건축가 Giovanni Levanti가 디자인한 시계 Mozia는 입체적인 아름다움을 잘 표현하고 있다. wellz

+ BD Barcelona Design과 Jamie Hayon의 협업으로 탄생한 Showtime 컬렉션의 Lounger 체어. wellz

+ Ole Palsby가 디자인한 구형 물병. 뜨겁거나 찬 음료를 최장 12~14시간 동안 보관할 수 있다. MoMA

+ 모듈식으로 제작된 다용도 캐비닛 Multileg. MDF 패널 위에 유광 래커 칠이 되어 있어 더욱 풍성한 색감을 나타낸다 wellz

+ Verner Panton의 FlowerPot Table 스탠드. 다양한 컬러로 선택의 폭을 넓혔다 innometsa

YELLOW

여러 가지 컬러로 프린트 된 테이블 커버와 원색의 플라스틱 의자를 매치한 공간은 오히려 세련된 느낌을 준다. 굳이 큰 가구나 비싼 소품을 구입할 필요 없이, 옐로우 또는 오렌지 컬러가 입혀진 작고 저렴한 인테리어 소품이나 주방가구를 활용하면 공간에 생동감을 살릴 수 있다.

+ 집의 외형을 본 따 디자인한 House Shaped Cushion. 볼록 튀어나온 굴뚝이 기존 쿠션과 차별화를 준다. hpix

+ 젊은 디자이너 Ed Carpenter를 유명하게 만든 비둘기 형상의 조명. 폴리프로필렌을 진공 성형하였다. hpix

+ 사슴 모양의 벽걸이용 옷걸이 Antler. Alexander Taylor가 디자인한 제품. hpix

+ Jens Fager가 디자인 한 라운지 체어 RAW. 손으로 직접 다듬은 투박한 나뭇결이 정성과 함께 고스란히 전해진다. innometsa

+ 탁월하고 감각적인 디자인으로 정평이 나 있는 이탈리아 SMEG 냉장고. 270ℓ 의 콤팩트 타입. hepburnshop

+ 디자이너 Patricia Urquiola의 Husk 체어. 자유자재로 변형이 가능하며 부드러운 쿠션을 사용하였다. Duomo&Co.

벽지 대신 벽을 꾸미는 방법

Clock

시계는 실용성은 물론 아트적인 요소가 반영된 재미있는 디자인으로 단조로운 벽
면을 더욱 경쾌하고 즐겁게 만들어준다. 원목 소재의 질감을 그대로 살리거나 자연
소재를 모티프로 한 시계는 집 안을 한결 따뜻하게 밝힌다. 단, 나무 소재는 자칫
투박해 보일 수 있으므로 너무 두껍거나 지나치게 토속적인 느낌의 문양은 피한다.

+ George Nelson의 원본 설계에 따라 제작된 시계. **MoMA**

+ 꽃을 형상화한 더블프레임의 오렌지 벽시계. **baladshop**

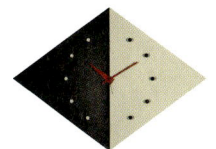

+ 다이아몬드 형태의 입체감 있는 디자인 시계. **indetail**

+ 디자이너 Mr.Kaliski의 견고하지만 가벼운 벽시계. **hpix**

+ 알루미늄 소재의 빠꾸기 벽시계. **baladshop**

Poster

밋밋한 벽에 크기가 다른 포스터를 프레임에 담아 지그재그로 걸면 리듬감이 생긴
다. 좁은 공간이라면 오밀조밀하게 붙여 아기자기한 연출을, 넉넉한 공간이라면 프
레임 사이의 간격을 자유롭게 배치해 믹스 매치의 묘미를 즐기는 것이 좋다. 포스
터의 높이는 서 있는 사람의 시선보다 15° 정도 높게 두는 것이 안정적이다.

+ 모던함이 묻어나는 사슴 형상의 포스터. hpix

+ 클래식한 분위기를 연출할 수 있는 에펠탑 포스터. A.MONO

+ 뉴욕의 대표명소와 아이콘을 표현한 알파벳 포스터. hpix

+ 리사이클 종이로 제작된 Keep Calm Gallery社 포스터. hpix

+ 공간에 즐거움을 주는 Mimmo Paladino의 한정 포스터.
 rooming

+ 딥블루의 컬러가 돋보이는 핀란드 아티스트 Hanna Konola의
 포스터. hpix

Mirror

좁은 공간을 넓어 보이게 하는 마법 같은 오브제가 바로 거울이다. 거울을 대개 기능적인 아이템으로만 생각하는 경우가 많은데, 최근 들어 인테리어 소재로 톡톡히 자리매김하고 있다. 화려한 프레임이나 컬러로 장식했던 과거와 달리 기하학적이고 유니크한 디자인으로 공간에 포인트를 준다.

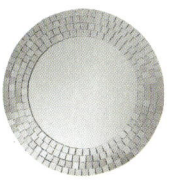

+ 작은 거울 조각을 촘촘히 연결해 완성한 거울. ikea

+ 자연스런 붓 터치로 독특한 개성이 묻어나는 원형 거울. eframe

+ 이태리 원목을 사용해 견고하게 만들어진 수공예 거울. eframe

+ 앤티크한 분위기가 물씬 느껴지는 Bologni Arreda社의 거울. eframe

+ Fernando&Humberto Campana이 반사되는 아크릴로 만들어진 거울. well7

+ 모던한 원형에 곡선 처리한 메탈 프레임으로 포인트를 준 거울. ikea

ITEM 11
하나쯤 갖고 싶은 디자인 의자

Unique

장소에 상관없이 의자의 색감과 라인으로 인테리어 효과를 누릴 수 있다. 의자를 배치하는 위치도 가지각색. 식탁이나 책상에 갖다 놓으면 색다른 분위기를 낼 수 있고, 방과 방 사이에 배치하면 콘솔 역할을 하기도 한다.

+ 시간이 흐를수록 정감이 더해지는 프렌치 스타일 철재 의자로, 카페에서도 쉽게 볼 수 있는 톨릭스 체어다. **La Manufacture**

+ 용접 과정을 거치지 않고, 단일 플라스틱 소재로 만들어진 팬톤 체어. Verner Panton 디자인. **Vitra**

+ 39×53(㎝) 크기의 스툴로 Jens Fager가 디자인했으며, 5가지 색상이 출시되어 있다. **innometsa**

+ 덴마크의 한 레스토랑을 위해 만들어진 원뿔형 의자. 팬톤 특유의 기하학적 형태를 모티프로 하고 있다. **Vitra**

+ 디자이너 Erik Magnussen의 Plasma. 두 가지 다른 디자인의 본체를 결합하였다. **Biome Design**

Modern

휘황한 꾸밈을 걷어내고 기본으로 돌아간 스타일. 과도한 디자인을 배제하더라도 얼마든지 공간에 활력을 준다. 다른 가구와의 어울림을 고민하는 이들이라면 선택할 만하다. 오래보아도 질리지 않는 군더더기 없는 디자인은 실패할 확률이 적다.

+ Alvar Alto의 아르텍 체어. 자작나무를 구부리거나 다듬어서 만든 혁신적인 구조 형태가 특징이다. **INNOVAD**

+ 7개의 합판에 2개의 코튼 층이 결합된 합판을 구부려, 스틸 다리와 결합시킨! Arne Jacobsen의 작품. **A.HUS**

+ Charles & Ray Eames의 LCW(Lounge Chair Wood). 5겹으로 된 플라이우드 소재로 제작되었다. **INNOVAD**

+ 바우하우스 시대에 디자인된 스틸 파이프 소재의 의자. 구조적인 디자인이 무게를 효율적으로 분배해 준다. **Vitra**

+ 조형성이 돋보이는 Gerrit Rietveld 디자인. 나사나 못 없이 이음새를 깔끔하게 맞물려 완성하였다. **Cassina**

+ 밤나무를 사용해 만든, 두껍지 않은 등받이 라인이 특징인 캐롤라 체어. 일반 체어와 암체어로 구성되어 있다. **wellz**

Classic Contemporary

편안함 또는 스타일리시함을 넘어선 예술적 가치를 담은 가구는 시대가 변해도 각광을 받는다. 클래식한 디자인의 의자에 컨템포러리한 요소를 가미해, 모던하면서도 세련된 분위기를 연출해준다.

+ 어느 방향에서 보든 공간과 잘 어울리며, 오브제로 착각할 만큼 매력적이다. by George Nelson INNOVAD

+ 스틸 프레임 와이어로 만들어진 가볍고 견고한 의자. 인체에 대한 완벽한 이해를 엿볼 수 있다. aA

+ 디자이너 William Sawaya의 감각이 묻어나는 이지체어. 풍성한 쿠션감이 편안함을 제공한다. wellz

+ 앉았을 때 큰 곰이 뒤에서 안는 느낌을 주는 패브릭 소재의 의자. Hans J. Wegner 디자인. aA

+ 가구의 표준을 지향하며 1960년대에 생산된 가리모쿠社의 K 체어. 일본 레트로풍을 상징하는 의자다. INDETAIL

+ 내구성이 뛰어나며 편안한 암체어. Hannes Wettstein가 디자인하였다. wellz

따로 또 같이, 네스팅 테이블

Nesting Table

비슷한 디자인으로 높낮이나 크기의 변화를 준 테이블 2~3개가 한 세트를 이루는 Nesting Table. 용도에 따라 다양한 연출이 가능해, 어렵지 않게 집안을 감각적으로 꾸밀 수 있다.

+ 핀란드의 대표적 국민 건축가 알바 알토가 디자인한 자작나무 소재의 테이블 88ABC. innovad

+ 하드보드와 카드보드지 질감이 멋스러운 건축가 프랭크 게리의 Low Table Set. MoMA

+ 이탈리아 브랜드 Moroso의 Around the Roses. 디자이너 Massimo Gardone 작품. Duomo

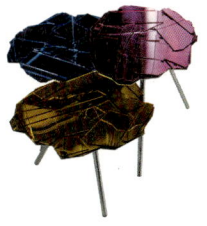

+ 서로 다른 형태의 아크릴 조각을 모자이크한 테이블 Brasilia. Fernando & Humberto Campana 형제가 디자인. wellz

+ Ronan and Erwan Bouroullec의 Metal Side Table. 무게 감 있어 보이지만 작고 가벼워 쉽게 이동할 수 있다. vitra

ITEM 13
자작나무 합판 가구

Living room + Kitchen

층층이 쌓인 나무층 그대로 노출된 모습은 자연적이어서 더 매력적이다. 포름알데
히드가 방출되지 않는 친환경 소재라 가구로도 안심이다. 편안하고 내츄럴한 분위
기로 온 가족이 모이는 공간에서도 부담 없이 배치할 수 있다. 화려한 장식이 없어
도, 고급스럽고 아늑하게 연출이 가능하다.

+ Webbing 처리 된 좌석과 등판이 의외로 앉았을 때 편안하다. 소
  파 옆에서 1인용으로 두고 활용해도 좋다. INNOVAD

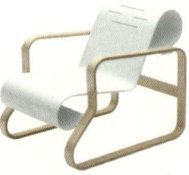

+ 자연스럽게 기댈 수 있는 Artek의 암체어 Paimio. 단단하게 등을
  받쳐줘 휴식을 돕는다. INNOVAD

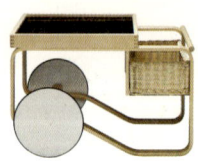

+ 간단한 다과와 차를 나르는 수레 디자인의 왜건. 작은 탁자
  의 역할도 할 수 있는 센스 넘치는 Tea Trolley. INNOVAD

+ 북유럽 디자인의 스트링 소프트. 오픈 프레임으로 답답함이
  느껴지지 않는 아이템이다. ROOMING

+ 다리를 자작나무 합판을 구부린 간단한 디자인으로 테이블
  의 상판을 단단하게 받쳐준다. INNOVAD

+ 거실이나 침실에 두기 좋다. 핀란드산 자작합판을 사용했으
  며 원형과 사각형의 테이블로 선택할 수 있다. ELSSI

Library

요즘 서재는 일과 취미 활동, 컴퓨터 사용, 휴식 공간을 겸한 다기능의 공간으로 변모하고 있다. 북카페 못지않은 서재 인테리어를 제안해 본다. 자작나무는 가구로 많이 접하는 월넛, 오크 등과 비교했을 때 두 단계 정도 밝은 것이 특징. 검정색이나 흰색과 같은 무채색의 가구들과 매치하면 잘 어울린다.

+ 벽 패널과 28개의 선반으로 구성된 책꽂이 INSERTCOIN. 선반을 가로 또는 세로로 꽂아 나만의 유니크한 책장을 구성할 수 있다. **by Neuland INNEN**

+ 스틸과 자작나무 합판으로 이뤄진 Magnetique. 박스를 어떻게 배치하느냐에 따라 색다른 구성이 가능한 선반형 책장. **by Swen Krause INNEN**

+ Fischer 디자이너의 회전형 책꽂이 Buchstabler. 선반을 쌓을수록 더 많은 책을 꽂을 수도 있다. **INNEN**

+ Moormann이 수레에서 착안하여 원하는 곳으로 쉽게 이동이 가능하도록 만든 BOOKNIST. **INNEN**

+ 모든 방향에서 사용이 가능하며 거실이나 주방 장식장 등 다용도로 활용할 수 있다. **FURNIGRAM**

+ 박스를 어떻게 쌓느냐에 따라 다기능의 수납이 가능하다. 다양한 분위기와 목적으로 연출이 가능한 똑똑한 제품. **ELSSI**

ITEM 14
홈바용 와인 액세서리

Decoration

와인의 또 다른 묘미는 어떤 코르크 스크루(Cork Screw)로 오픈하고, 어떤 디캔더
(Decanter)에 담아 마실지에 대해 행복한 고민을 하는 데 있다. 와인의 맛과 향을
제대로 즐기고 싶다면, 와인에 맞는 액세서리를 갖춰보자.

+ 감각적인 스타일의 와인 온도계. 센서가 있어 와인병에 장착 시
바로 온도 측정이 가능하다. Menu

+ 포도송이를 연상시키는 와인랙. 디자이너 Robert Bronwasser
의 작품. hpix

+ 스테인리스 스틸로 만들어진 와인랙. 럭셔리하고 모던한 느낌의
인테리어 소품이 된다. Menu

+ 겉 부분이 벨벳처럼 느껴지는 독특한 스타일의 코르크 스크루.
L'Atelier du Vin

+ 상단부를 회전시키면 와인병 입구 사이즈에 맞춰 닫을 수 있는
마개. L'Atelier du Vin

+ 스타일리시한 디자인의 다용도 디캔터. 와인의 흘러내림을 막아
주는 마개가 함께 갖춰져 있다. Menu

기능과 디자인 내세운 욕실 기기

Sanitary ware

감각 있는 디자인 제품을 집안에 배치하는 것만으로도 큰 인테리어 효과를 낼 수 있다. 이는 욕실에서도 예외가 아니다. 디자인 수전 하나만 설치해도 고급 호텔 욕실 같은 느낌을 연출한다. 확 달라진 분위기 연출, 어렵지 않게 시도해 보자.

+ 직선과 곡선이 조화된 디자인이 우아하다. 탑볼형, 반다리형, 긴 다리형 등 3종류 디자인의 Cygnet. 아메리칸스탠다드

+ 평면에 가까운 독특한 디자인에 물때의 생성을 방지하는 프로가드 공법을 적용하였다. REGIO Counter Top 아메리칸스탠다드

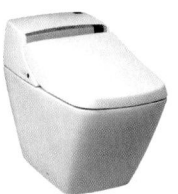

+ 토네이도 세척 방식을 적용해 강력한 물살로 오물을 완벽하게 씻어내는 EuroZEN. 아메리칸스탠다드

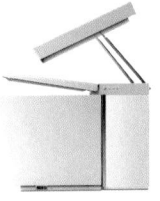

+ 비데 일체형 도기 '누미'. 센서를 내장해 덮개가 자동으로 열리고 조명과 음악이 흘러나온다. 콜러

+ 스탠드형 세면대로 유선형의 곡선미에 높이를 더해 세련된 디자인을 연출하였다. SWL0015 새턴바스